方舟文化

相信你自己

抛開內心小劇場，
才知道自己有多強！
獻給高敏人的職場逍遙指南

Melody Wilding
美樂蒂・懷爾汀 ——— 著
蔡心語 —— 譯

TRUST YOURSELF

Stop Overthinking and Channel Your Emotions for Success at Work

獻給爸媽，
連我都不相信自己時，他們對我依然有信心，
我全心全意地愛你們。

目次

contents

前言

世界總會要求我們該成為怎樣的人，但你是否記得在被要求之前，原來的自己是什麼樣子？

——查理．布考斯基（Charles Bukowski）*

某個週六夜晚，有個念頭忽然升起，像一噸磚塊重擊我的大腦。當時我坐在曼哈頓上東城半客滿的星巴克，忽然意識到自己犯了大錯。

數月以來，我一直殷切期待週末參加好友的婚禮。飯店早已訂好，旅程也安排妥當，我等不及要祝賀新娘，順便見見每一位大學好友。然而，眼看週末即將到來，當週的新工作堆積如山，我一天二十四小時、一週七天備戰，無時無刻都在回應公事，感到壓力爆表。待辦事項永無休止，我陷入其中無法自拔，對於週末要休假而深深自責，內心不禁天人交戰：我到底該不該成行？心裡有個聲音渴望充滿歡樂、笑聲和輕鬆的休閒時光，卻有另一個聲音提醒我：若真成行會多麼愧疚，再說要是留在家裡可以做多少事。就在最後一刻，我決定放棄原訂計畫。沒錯，就職業生涯來看，我的抉擇是對的，但到了週六，朋友們歡聚一堂，我卻只能獨自守著筆記電腦，滿心沉浸在懊悔中。

從小到大，我一直是個乖乖牌，成績永遠A+，比賽總是拿冠軍，活在眾多過度的期望裡。我既勤奮又自律，在校努力用功贏得好成績，大學以第一名畢業，求學期間還要從事數份兼

*查理．布考斯基，德裔美國作家，畢生寫下數千首詩、六篇小說及數百則故事，共出版六十餘本著作。作品多半描寫社會底層或邊緣人的生活。

差工作。畢業後，我就讀哥倫比亞大學（Columbia University）社工研究所，以便將來從事心理健康方面的工作。我夢想成為心理治療師，但幾位指導老師及一些人基於愛護與好意，紛紛提醒我：當心理治療師賺不了多少錢，妳應該進大型醫療機構，不然就走科技路線——這些比較穩定，待遇也比較好。我聽了他們的建議，在曼哈頓一家工作步調很快的醫療中心擔任研究員。

表面上看來，我是人生勝利組：學有專精，住在大城市，也已經有了明確的職涯計畫。但在內心深處，我只覺得疲憊、不安，甚至被掏空。我已經出現無法維持平常習慣和行為的徵兆，卻沒有及時認清自己的心理狀態，僅僅對那股悲傷和失落感耿耿於懷。每個人似乎都過著差不多的日子，為何就我情緒低落？我到底是怎麼了？

雖然當時不明就裡，但有這些負面情緒的其實不只我一人。**敏感而志向遠大的人往往非常在意別人的想法，被世俗所謂的成功捆綁，以致不知如何運用精力來獲取真正想要的圓滿人生及操之在我的自信。**這些人從小就被灌輸一種觀念：成就意味著爬上職業巔峰。但當他們為了目標汲汲營營，內心往往空虛不已，或者被追求更高成就的執念壓得喘不過氣來。到了再也走不下去，這些人便認為自己有問題，卻沒有及時轉念：或許他們只是需要換個新方式面對事業（還有自己）。

回顧當初的決定，我愈發覺得不參加婚禮實在沒有道理，但轉念一想，我反而很高興做了差勁的選擇。就在那個夏日夜晚，我被迫重新檢視所有感覺、想法和行為，細細省思我為什麼會淪落至此。平常除了研究工作，三年來我憑藉受過的心理學訓練，慢慢累積諮商實戰經驗；平日用在客戶身上的技巧，現在可得用在自己身上了。當我開始一一揭露那些自我毀滅（self-sabotage）的習慣，終於明白癥結不在於時程安排、全職工作與個人事業如何兼顧之類的表面問題，而是內在問題：我為了追求自以為應該追求的目標而汲汲營營，從來不曾省思這麼做是否真的可以實現抱負，並因此忽略了自身福祉與個人目標。

經過數年努力，我好不容易漸漸掙脫心理與情緒的桎梏，並接受事實：身為一位勤奮努力但又天生高敏感族，我的醫院全職工作不符合自己的需求和意願。更重要的是，我在諮商工作中接觸到許多跟我一樣的高敏感、高成就的人，大家都為相同問題所苦，比如想太多（過度思考）、情緒化反應、完美主義及界限不清等等。我愈來愈盼望幫助這個被我稱為「高敏感鬥士」的族群，讓他們學會控制與生俱來的 STRIVE 特質，進而將阻力化為助力。我自己也是經過一番努力，最後離開醫療中心，開始拓展諮商業務，成功轉換跑道。

我善於同理他人且執著努力，除了想在職業生涯中找到一條出路，也設法在過程中相信自己的判斷，本書記錄了我一直希望展現在世人眼前的心路歷程。它將指引你，在沒有壓力與不安的情況下，掌控與生俱來的敏感特質並享受成功。我所謂的成功並非一般世俗概念，而是由你自己來定義。你不會被焦慮或不切實際的過高期望所束縛，反而會感到一切操之在我。當你將高敏感化為助力，不再自我毀滅，就可以發動所有潛能，輕輕鬆鬆行遍天下。

本書除了列舉我身為諮商心理師和人類行為學教授的經驗，也結合客戶的親身經歷，並透過可靠而便於操作的各種附件，幫助你消除壓力、認清目標及找到活出真實自己的信心。當你有了全新領悟，透過各章的「有效練習」與「行動策略」單元，你將順利達成想要的改變，完勝各章目標。以健康方式實現志向，並將高敏感當做超強利器，這是絕對有可能的，本書就是要告訴你該怎麼做。

你會拿起這本書的原因

現在的你可能像從前的我一樣油盡燈枯了，你發現自己已無法持續以往的工作慣例。也許你剛升職，或剛換工作，或有了一個大好機會，令你忍不住心想：我終於出運了！你希望拿出最好的表現，邁向職涯下一階段，繼續努力成長，成為更好的人，這些想法無可厚非。或許你心中七上八下，憂喜參半，擔心自己無法負荷工作量和壓力。又或許，你的職涯正面臨不可抗拒的外力或徹頭徹尾的不確定性，身為高敏感鬥士，你一心希望萬一挫折降臨，你能做到兵來將擋，水來土掩，順利擺脫逆境。

不管面臨何種情況，你可能都希望內心感受與外在描繪的成功形象一致，因為，最重要的是，你或許已經累了，已經厭倦自己擋住自己的去路。你想要釐清並戰勝不安全感，不讓它繼續妨礙你的職業生涯。

也許你還想要……

- 拋下心中七上八下的自我懷疑、擔憂和恐懼，因為它們侷限了你的潛能
- 盡情享受成功，不需要為了成功而被迫犧牲個人福祉或捨棄更重要的人事物
- 對自己的判斷感到安心，不會隱約覺得懷疑

我還敢斷言，你選擇本書是因為心存希望——希望自己改變；希望你對自己建立堅定信

念，而不是以生產力來決定自身價值；希望你不會深陷在被周遭人事物嚴重影響的泥淖中。放心好了，不是只有你這樣，世上就算沒有幾百萬也有幾萬名高敏感且充滿幹勁的男女，掙脫了「能力不足」的緊箍咒，脫胎換骨後繼續茁壯成長，因為他們已經學會以建設性方法善用這種特質。

個人與職涯的圓滿之路

本書各章附件有數十年研究背書，並經我的客戶驗證有效。你也可以在心理學理論中找到這些概念，包括認知行為（cognitive-behavior）與正念（mindfulness methods）。此外，我也將交流技巧、領導力及職業發展技能與行為改變及神經科學融為一體。

我不會要求你花大把時間回憶兒時；不會要求你完整描述個人願景，害你想要嘔吐。我會鼓勵你採取有效方法，堅定地改善你的行為和習慣，就從今天開始。

找出個人與職涯的圓滿之路，典型的做法與順序如下：

一、仔細思考：你是誰？你想成為怎樣的人？

二、為人生和職業設定清楚的目標和希望

三、改變日常行動模式

然而，根據我的經驗，許多高敏感而志向遠大的人不太可能釐清整個大方向，也很難摸透自己真正想要的，因為他們多年來都在為別人的要求而努力。

正因如此，本書徹底扭轉傳統做法。

- 透過本書第一部，你將培養自覺，以便釐清高敏感如何影響你的行為及你對自己和職業生涯的看法。
- 透過本書第二部，你將開始減少自我毀滅（包括想太多、情緒化反應及取悅別人），以便你培養更健康的習慣，讓高敏感化為助力，而不是害你抓狂。
- 透過本書第三部，你對人生真正的盼望（不是別人對你的期待）將一目了然，以便你實現有意義的個人目標。當你將志向與核心價值及願望結合起來，你就能培養自信，並成為自己渴望成為的那個人。

沒錯，本書無意一開始就探討你的長期規劃，而是要將你的精力導入第一優先要務，也就是控制每天的壓力。本書提供的技巧從基礎到進階應有盡有，層層疊加，幫助你自我接納和培養穩定情緒。有了這個基礎，你就能以清楚的頭腦展望未來。

本書特色

你在每一章裡都能看到以下三種工具：

「**行動策略**」：這是重點行動計畫，你可挑選適當時機試行。

「**卡關解方**」：如果一開始覺得行動策略太難執行，可以先運用這些小祕訣。

「**有效練習**」：循序漸進的工作表、填寫單和測驗，記錄你的進展、激發突破，並執行可從中學習的行動策略。這個部分比較耗時，最好撥出能坐下來耐心完成的時段再進行，好比下班後或週末。

你還會在本書中看到「**說出心聲，做出行動**」單元，幫助你透過簡單易行的方式傾聽真實心聲，堅持走出屬於自己的路。最棒的是，你可以在 melodywilding.com/bonus 網站找到可供印製的範本和數位版練習，此外還有更多附件、文章及資源。

一旦踏上這趟旅程，不妨思索：你希望改變哪些習慣或模式。想法愈具體愈好。運用本書實現自我轉變，最終結果取決於兩方面：一是整個過程你是否積極參與；二是你願意投入多少心力。請牢記這一點：你偶爾會有一種前進三步又後退兩步的感覺。或許你會懷疑自己、恐懼到無法繼續，或者質疑自己為何要開始。這種情況發生時，請提醒自己：你正在做對的事。懷疑和恐懼只是身心啟動自我防衛機制，想要保護你的安全。**請打從心底認可並尊崇改變自己的行動，明白它們一定有用處（因為衝突是成長的必備要素）**。

如果你執行本書的「行動策略」並完成「有效練習」，不管是全部逐一演練或只挑選自己所需的部分，都能獲得最大效益。我建議你準備專用筆記本並隨身攜帶，找個安全私密的地方進行每個步驟，並記錄你當下的想法和行動。以紙筆記錄除了可助你牢記細節，不管是明天還是明年需要查閱也都沒問題。此外，這麼做也是在暗示大腦，這項行動是第一優先要務，如此一來，你將獲得最滿意的結果。

當你準備進行「有效練習」單元，請特別抽空，再找個可以專心思考的好地方。最重要的是，對自己要有耐心，並牢記一個重點：每天累積漸進、可行而不完美的改變，假以時日就會有大成效。記住，你已選中這本書，應用在今生最重要的事物上，也就是「你」自己。

我支持你，也相信你，現在就開始吧。

✦改變的基礎

相信自己可以透過本書各章內容，找到一條讓你勇於行動的康莊大道，為此，你需要建立四項核心價值。

一、**企圖心**。高敏感鬥士的思考比常人更周密也更有決心，你將運用本書提供的各項利器，積極處理並掌控你與自己和工作的關係。關於如何和自己對話、回應各種情況及對未來做決定，你也會做出明智的抉擇。

二、**誠實**。誠實包括接納真實的自己，不受規範、期望和他人的意見所影響。當你為自己做正確選擇時，可能不是每個人都認同、理解或贊成，這將引起旁人的側目。一旦踏上這段旅程，務必堅守你對自己的承諾。當你閱讀本書各章內容，你需要秉持真誠的心，誠實面對自己，哪怕事實有點傷人。

三、**能動性**。當你清楚意識到自己的能動性，就能區別真實的情況與你認知的限制有何不同，進而實現目標。恐懼令你自我打壓，無法正常發揮潛能，能動性將助你掙脫它的箝制，自己掌控意念、感覺和行動，你的內心深處將會明白，幸福操之在我。

四、**放鬆**。或許現在的你很難立刻放鬆，你可能不記得自己多久沒有單純享樂了。每次遇到挫折，對你來說都像是世界末日降臨。生活與工作每每令你覺得艱難無比。如果以上全是你的寫照，那麼是時候讓輕鬆回歸生活了。或許放鬆不一定容易辦到，畢竟相信自己太難了！但你依然要努力秉持著自在、好奇、嘗試及開放的心態閱讀本書。

PART 1

BUILD SELF AWARENESS

建立自我意識

01 你是不是高敏感鬥士？

我終於明白自己並不混亂，而是一個在混亂世界裡感觸很深的人。若有人問我為什麼常哭，我會這麼說：「跟我常笑的原因一樣——因為我用心感受。」

——格倫儂・道爾（Glennon Doyle）*

工作正在扼殺凱莉的心靈。

六年前，凱莉在大型郡立機構當上社會服務處處長，一開始很高興能夠領導團隊並改善貧困兒童的生活。長官都表示，她幹勁十足且企圖心旺盛，是副總職位的不二人選。她果然在三年內升任計畫、營運和行政副總裁。

擔任副總第一年，職責雖重但尚可應付，只不過在凱莉加入的第二年，團隊漸漸人手不足。起初，凱莉並不介意。她熱愛自己的工作，並以身為機構的頂尖人才而自豪。此外，她一直以來都被教導：優秀員工總是在超越自我。她認為這正是她在職涯中保持進步的要素。

日子漸漸過去，每週工作六十多個小時成為凱莉的新常態。她出席董事會並代表缺席的上司做出決定。她不顧一切地扛起收拾爛攤子的責任。然而，除了份內工作，她還要支援行政處長負責的重要計畫，這成了壓死駱駝的最後一根稻草。工作嚴重超量，凱莉的身心瀕臨崩潰極限。她的頭髮開始脫落，每天都要對抗偏頭痛。工作也影響了家庭生活，凱莉總是盯著手機，或是忙著回覆電子郵件，就連家庭聚餐也不例外。丈夫說她成了一具殭屍，女兒則

*格倫儂·道爾，美國知名作家，著有《媽媽的逆襲》（*Carry On, Warrior*）與《為愛而戰》（*Love Warrior: A Memoir*）。

說很想念「以前的媽媽」。

數月以來，同事幾乎每天告訴凱莉，如果沒有她，機構就會撐不下去。她將同事的評論視為恭維，但這種「沒我不行」的想法使她無法拒絕或授權。一想到要向上司承認自己處理不了那麼多事情，她就無比焦慮。如果他認為她不適任該怎麼辦？萬一因此被解僱了呢？她敦促自己更努力工作，心想所有問題只是她在小題大做。然而，事實擺在眼前，她已開始因為壓力過大而延誤工作，甚至連基本事務都會犯錯，但這只會讓她更加相信，去找老闆攤牌將會損害自己的形象，並錯失日後的升遷機會。

警鐘終於敲響，凱莉因呼吸急促和胸痛住院，被迫休八週病假。她以為自己已充分休息，但再度踏進辦公室的瞬間，恐懼感由然而生。當相同的焦慮和過勞又開始悄悄侵襲，她終於決定尋求幫助。於是她找上我，希望我擔任她的人生教練。

凱莉覺得自己再也無法掌控生活，每天都是一場漫長的打地鼠，她不知所措，以致沒有（或不能）處理問題，直到問題嚴重到無法忽視。她非常希望找回自己，還有曾經在職涯中獲得的成就感。同時，恐懼自己做得不夠好和對成功的預期心理，逼得她為了達到盡善盡美而犧牲自己。

儘管凱莉的情況很極端，但我的許多客戶都帶著類似的故事來找我——為了成功或完成工作而犧牲自己的福祉。他們知道情況不對勁，但不知道如何改變，也不太確定放棄長久以來的想法、習慣和行為會導致何種結果。於是他們繼續過著內心早已不堪負荷的生活。確實，這群人表面看來事業成功，但他們也深受情緒影響，無法忍受別人對他們的工作批評指教。對於凱莉這類人來說，意識到這一點是邁向職業和個人突破的第一步，我稱他們為「高敏感鬥士」（Sensitive Striver）。

什麼是高敏感鬥士

高敏感鬥士普遍具有高成就，也比一般人更注重自己的情緒、世界和周圍人的行為。許多人在校時就是明星學生，他們帶著同樣的奉獻精神、可靠性和雄心壯志走進職場。雖然他們大多在職場裡迅速崛起，日常中卻時刻面臨種種壓力、焦慮和自我懷疑。

如果以上描述引起了你的共鳴，那麼我要說：歡迎光臨，你可真是來對地方了！這些特質造就了你，可能讓你取得了非凡的成功。大家一方面欣賞你的熱情、個性的深度和認真負責；另一方面，在他人看來輕而易舉的事，例如做決定和從挫折中站起，卻會讓你跌入深淵。

身為高敏感鬥士，你可能因為對自己期望很高而容易感到沮喪，使得你連小事都會過度思考。你也可能容易情緒失控，出現哭泣、恐慌或完全退縮的反應。那是因為當高敏感遇上高成就，往往會成為棘手的組合。我最近在ＩＧ看見一位粉絲為這種感覺下了個總結，他說：「**我一向事事『過度』。**」

高敏感鬥士不一定如此

你可能在想，高敏感鬥士只是另一種形態的完美主義者、成就超出預期或個性內向的人。雖然高敏感鬥士可能與一個或多個其他族群重疊，但那些族群都沒有充分體現高敏感鬥士面臨的掙扎。例如：

- **並非所有高敏感族個性都很內向**。高敏感族和內向的人有許多共通點，例如需要更多休息時間，但研究表明，大約百分之三十的高敏感族是外向的，這意味著他們透過與人相處來獲得能量。許多內向的人也不像高敏感鬥士般，把工作視為自身的重心。
- **並非所有完美主義者都有自覺或成功的職涯**。事實上，最成功的人很少是完美主義者（意即追求完美和設定高績效標準），因為完美主義會阻礙進步並導致無法做決定。

• **並非所有成就超出預期的人都是高敏感族**。你不需要經歷敏感導致的高於正常的反應，照樣可以成為超級成功人士（比預期表現更好或更成功的人）。高敏感鬥士在解決衝突、設定界限或平息負面想法時往往不太順利，但並非所有表現優異的人也會如此。

✦那麼，你究竟是不是高敏感鬥士？

勾選聽起來像你的句子：

○我的情緒體驗總是深沉而複雜。
○我有強烈的欲望，想要在生活的各個方面超越期望。
○我認為自己很有動力，並樂於驅使自己實現目標。
○我渴望意義和成就感。
○在我採取行動之前，需要好好思考各項決定。
○我的內心總是不停地批判自己。

○我為人善良，富有同情心，對他人有同理心。
○我能敏銳地感知他人的感受。
○我經常把別人的需要擺在自己的需要前面。
○我很難設定界限，而且太輕易對別人說「是、好」。
○我一直在跟過勞的倦怠感奮戰。
○我很容易受到壓力影響。
○我很難關閉思緒，因為大腦總是充滿想法。
○我有強烈的情緒反應。
○當我措手不及或知道自己正被人盯著或評估時，我會感到焦慮。
○我對自己的要求很高。
○我努力把事情做好，如果犯了錯誤，我會嚴厲地批判自己。
○我經常陷入優柔寡斷和無法分析的困境。
○我很在意別人的意見和批評。

如果你勾選了九個以上，就可以確認自己是高敏感鬥士。

高敏感鬥士的成因

敏感是一種人格特質，而非障礙。它是你無法改變的重要部分，透過兩種機制實現：

一、先天，也就是遺傳和生物學等先天特徵。
二、後天，意指教養和環境。

先天：你的遺傳禮物

大約百分之十五到二十的人口遺傳了一組特殊基因，導致感官處理敏感（sensory-processing sensitivity，簡稱SPS，這是高敏感族的科學專門術語），說明你有一個高度協調的中樞神經系統。研究表明，高敏感族在注意力、策畫行動、決策等方面具有更活躍的心理迴路和神經化學物質，並有強烈的內在體驗。換句話說，你善於精確地引導注意力，做出思考周密的選擇，並激發豐富的洞察力，將偉大的想法帶到檯面上。

研究人員認為感官處理敏感一直延續至今，因為它提供進化優勢。心理學家伊蓮・艾融（Elaine Aron）博士首次發現這項特徵，她認為感官處理敏感是一種「先天生存策略」，幫助高敏感族應付史前時代無法預測的生活環境。暫停和觀察是感官處理敏感的兩大標誌，也是史前人類非常寶貴的特質，幫助他們躲避掠食者及各種傷害。具備感官處理敏感的人能夠獲取環境線索，與較不敏感的人相較之下，更能察覺細節，進而做出更明智的決定，還能在遭遇危險時突出重圍。

雖然我們可能不再需要注意危險的野外，但**感官處理敏感仍然是一項無價的特質，因為主管總會將高敏感族視為他們的頭號幹將。這類人具有創新精神，致力於公平，擁有他人缺乏的領導長才**。然而，過度協調每一個微小的互動和內在體驗，也可能令他們沮喪。有些情況對普通人來說可能僅造成適度壓力，卻會導致高敏感族大當機，尤其是當某些因素失控時。即使是強烈的幸福和喜悅，也會耗盡高敏感族的心力。這是因為當先天的敏感與心理敏銳度結合時，可能導致你對周圍人的需求有更強烈的反應。事實上，《澳洲心理學雜誌》（*Australian Journal of Psychology*）二〇一五年發表的一項研究發現，敏感往往與壓力大產生關聯，原因來自高敏感族處理情緒的方式。當事情進展不順利，高敏感族的壓力荷爾蒙往往會飆升，而且他們很難表達壓力對自己的影響。最糟糕的是，他們傾向於迴避或退縮，這絕對不是解決衝突最健康的方式。研究人員還發現，高敏感族如果不處理自己的感受，會感到更加沮喪和無能為力。

後天：敏感的汙名

儘管遺傳學是這片拼圖不可或缺的一塊，但教養也會影響你對內在和周圍情況的反應。從孩提時代開始，父母、老師和朋友可能會因為你過度堅持而頻繁對你說：不要再有壓力了，不要大驚小怪，也不要自以為是。現在，主管和同事卻告訴你：臉皮要厚一點。也許你想知道，為什麼他人可以冷靜而自信地應對挑戰，你卻為了小事而數日不知所措。

儘管這些感覺完全正常，但你可能認為它們意味著目前的自己不夠好，你必須改變才能被人喜歡和接納。身為高敏感鬥士，我的生活同樣充滿了來自他人和自己的不安全感與批判。我從小就覺得自己像個怪人，隨著年歲增長，我漸漸相信自己有缺陷。直到大學和研究所畢業，我已經學會隱藏真實需求和感受，只讓別人看到我認為他們想看的東西。跟許多高敏感鬥士一樣，我經常把自己逼到精疲力竭的邊緣，努力不辜負他人及我對自己高得離譜的期望。如果任其發展，這種傾向可能導致你向外而不是向內尋求認可。更糟糕的是，你可能會嘗試將它隱藏起來，當作需要適應的一種生存機制，而不是像我一樣化敏感為助力甚至是超能力。如果你曾經嘗試，便會明白這麼做只是徒勞。當你抗拒真實本性時，就會引爆內在戰爭。

對於女性來說尤其如此。雖然目前的研究表明，敏感並沒有性別差異，但存在難以忽視的歷史和社會現實。例如，在成長過程中，女孩被教導要隨和並聽話。到了十幾歲，將近百分之四十五的女孩說自己「不允許」失敗。她們以過度擔心和強調負面情況來應對壓力——這種反應只會被高敏感鬥士的周密思考與強烈感覺所誇大。傳統觀念中的女性應該舉止優雅、說話溫柔，還要討人喜歡，這會阻礙她們維護自身權益，職場上也無法跟男同事並駕齊驅。接下來看看男性方面，男子氣概這種「有害物質」阻礙了男人接納與生俱來的敏感，因為這種特質通常等同於「柔弱」。儘管研究表明，男嬰比女嬰更容易出現情緒反應，但小男孩在成長過程中，往往認為男子氣概是由支配和攻擊性來衡量的，導致他們隱藏真實本性。結果，許多男人幾十年間都在否認天性，過著不適合自己的生活。

行動策略：了解自己

高敏感鬥士有許多不同類型，但最常出現六種核心特質，每一種首字母組合起來，恰巧可形成「STRIVE」（努力、奮鬥）這個字。你可能會在下列某些描述中輕易認出自己，而其他描述可能覺得不熟悉或不相關。沒關係，STRIVE特質本就和其他個人特質一樣，會有著各式各樣的程度差異。

敏銳感受（Sensitivity）。處理複雜訊息對你來說再自然不過，因為你具有敏銳的洞察力，對於內在與周遭發生的事有強烈反應。你在條理分明和規律步調下發展得最好。一旦少了這些，你很容易受到過度刺激，尤其是當你處於壓力之下的時候（無論是真實的還是想像的）。

周密思考（Thoughtfulness）。你有很強的自我意識、反思能力和直覺。你辨識細微差別及整合訊息的能力使你特別具有原創性和創造力。另一方面，你的大腦經常高速運轉，過度分析日常經歷；而你高於常人的自我意識，也可能使你從有所自覺的正常狀態轉向自我批判。

富責任感（Responsibility）。你很可靠，大家信任你並期待你的協助。你努力工作（可能是錯誤的），不忍心害別人失望，即使這需要犧牲自己。你始終渴望被人喜歡，總想取悅他人，使得你疲於奔命，最後精疲力盡。

內在驅力（Inner Drive）。高敏感鬥士的表現往往超出預期，不僅締造亮眼的績效，生活各方面也交出漂亮的成績單。你將大量精力投入職涯中，非常在意自己是否發揮影響力。沒有什麼比實現目標或從（很長的）待辦事項清單中劃掉某一項更能令你興奮，但你往往為成功設定了不切實際的高標準。

高度警覺（Vigilance）。你能敏銳地適應變化並善於察覺環境的微妙之處，從主管的肢體語言到會議的氛圍，你都能精準掌握。你善於傾聽並努力回應人們的需求。然而，處於高度戒備狀態可能會令人精疲力盡，你有時可能會無端察覺到根本不存在的危險或威脅。

豐富情感（Emotionality）。你真誠又善解人意，對事物的感受強烈，還有複雜的情緒反應。你既能體驗到大量正面情緒，比如靈感泉湧與無限感激，但也可能陷入煩惱和失望等不愉快的情緒中。

雖然這似乎有悖常理，但當這些特質發揮到極致時，實際上可能會成為一種負擔。例如，注重細節固然很好，但如果你需要閱讀每封電子郵件十次才能放心按下「發送」鍵，你的工作效率可能會在不知不覺中陷入停頓。如果你忠誠和關懷到極致，那麼團隊自然產生的個體差異可能會讓你脫離正軌，或阻止你建立保護個人福祉的界限。正因如此，高敏感鬥士的首

STRIVE 特質

敏銳感受

嚴重失衡時……	完全平衡時……
• 大多時候處於焦慮或亢奮狀態	• 面對壓力時依然冷沉著
• 很慢才能放鬆	• 讓自己充分停工和休息
• 身體處於緊繃和恐懼的狀態	• 能夠運用直覺做更好的決定

周密思考

嚴重失衡時……	完全平衡時……
• 無法做簡單的決定	• 具備反省與深思能力，有目的地行動
• 深受憂慮及冒牌者症候群所苦	• 常進行具建設性的自我對話，擁有堅定自信
• 把自己困在不必要的細節裡	• 能提出別人想不到而且富於創意、革新及微妙的好點子

富責任感

嚴重失衡時……	完全平衡時……
• 總是忙著補破網和取悅別人	• 奉獻己力，但嚴守界限
• 對於做得不夠或幫得不夠而心懷愧疚或難過	• 有效授權並允許他人解決問題
• 很難拒絕他人或開口求助	• 保持追求卓越的個人標準，不因壓力、比較或取悅他人而妥協

內在驅力

嚴重失衡時……	完全平衡時……
• 過度勞累到精疲力盡和倦怠的地步	• 專注於不斷學習、成長和進步
• 不工作時會覺得自己懶惰，無法休息	• 制定切合實際、可實現且對個人有意義的目標
• 對結果和外界獎勵高度依戀	• 持續進步並有效運用精力

高度警覺

嚴重失衡時……	完全平衡時……
• 高度回應並順從他人的需求	• 與他人和諧相處，並具備同理心，由此打造牢固的人際關係
• 誇大情況，即使沒有什麼可擔心的	• 能夠評估風險並做出正確判斷
• 互動消極	• 注意內在需求並追求適合自己的事物

豐富情感

嚴重失衡時……	完全平衡時……
• 數小時或數天因強烈、不愉快的感覺，而導致生活脫離正軌	• 接受正面的感覺，如喜悅、自豪和滿足，不會感到內疚
• 表面上假裝一切都好，但暗自擔憂	• 有效地處理及調適情緒，以採取建設性行動
• 感覺總是起伏不定，經常心血來潮	• 以接納和彈性回應情緒

要任務有三：了解自己、了解 STRIVE 特質如何影響生活，並重新平衡你可能過度使用的任何特質。

花點時間想想你上個月的生活，以及你拿起這本書的原因。現在看看下面的量表，選擇介於一到十之間的數字，表達你對每個陳述的同意或不同意程度。不要想太多！誠實地評價自己（即使你不能每一項都完美無缺）。這份評估表是確定這些特質在生活中平衡程度的第一步，你將在本章後續內容使用這些數字找出自己現在的位置，並決定你希望在未來幾週、幾個月和幾年內達到的目標。畢竟，**了解自己並不是要改變本我，或者不再那麼敏感和野心勃勃，反而是要有效引導你的核心特質，這樣你就可以成為想要成為的人。**

STRIVE 特質量表	
敏銳感受	• 我能夠保持冷靜和沉著，即使周圍發生很多事情。 完全同意 10 9 8 7 6 5 4 3 2 1 部分同意 • 我有足夠的停工時間和休息時間。 完全同意 10 9 8 7 6 5 4 3 2 1 部分同意 • 我對自己用來掌控精力的習慣和例行事務感到滿意。 完全同意 10 9 8 7 6 5 4 3 2 1 部分同意
周密思考	• 我做決定時不會糾結於不必要的細節。 完全同意 10 9 8 7 6 5 4 3 2 1 部分同意 • 我不會讓不安全感和懷疑分散我對當前任務的注意力。 完全同意 10 9 8 7 6 5 4 3 2 1 部分同意 • 我能夠排除雜念，所以我可以在工作時集中注意力，腦力全開。 完全同意 10 9 8 7 6 5 4 3 2 1 部分同意
富責任感	• 我有效委派任務並在需要時尋求幫助。 完全同意 10 9 8 7 6 5 4 3 2 1 部分同意 • 當我對自己做出承諾，我通常會遵守並堅持到底。 完全同意 10 9 8 7 6 5 4 3 2 1 部分同意 • 我能夠婉轉地對工作計畫、他人和情況說不，而不必擔心自己失禮或對人不夠好。 完全同意 10 9 8 7 6 5 4 3 2 1 部分同意

內在驅力	• 我大部分時間都花在高價值的工作上。 完全同意　10　9　8　7　6　5　4　3　2　1　部分同意 • 我根據聽起來有趣、令人興奮或鼓舞人心的東西來訂定目標。 完全同意　10　9　8　7　6　5　4　3　2　1　部分同意 • 考量到我還有其他責任，我設定的目標符合現實且可以達成。 完全同意　10　9　8　7　6　5　4　3　2　1　部分同意
高度警覺	• 我在自己的需要和周圍人的需要之間取得平衡。 完全同意　10　9　8　7　6　5　4　3　2　1　部分同意 • 在職業生涯中，我接受適當而明智的挑戰，以便幫助自己進步。 完全同意　10　9　8　7　6　5　4　3　2　1　部分同意 • 我對工作環境非常謹慎，也會小心選擇，因而開創出最適合我發展的條件。 完全同意　10　9　8　7　6　5　4　3　2　1　部分同意
豐富情感	• 我不會認為別人的意見或批評是針對我而來的。 完全同意　10　9　8　7　6　5　4　3　2　1　部分同意 • 我能夠從情緒反應中找到適當距離和觀點。 完全同意　10　9　8　7　6　5　4　3　2　1　部分同意 • 壞心情通常不會持續太久。 完全同意　10　9　8　7　6　5　4　3　2　1　部分同意

✦卡關解方

一、**練習透過 STRIVE 特質觀察自己的行為**。如果你一開始無法給自己評分，請不要擔心。在接下來的幾天裡，請注意你在工作上的表現，哪些任務和情況你能信心滿滿地處理，哪些則令你感到棘手。然後問問自己，在這兩種情況下，各有哪些 STRIVE 特質對你造成影響。

二、**打造應援團**。本來無形的特質，如今成了讓他人更了解你的利器。告訴家人、好友和值得信賴的同事你是高敏感鬥士，並向他們介紹 STRIVE 特質。親友的支持至關重要，與他們談話可以獲得寶貴意見，從而得知你的 STRIVE 特質平衡與否。你可能還會發現，原來其他人也是高敏感鬥士。

三、**專注於有效的方法**。解決問題的傳統方法是鎖定負面情況並嘗試解決出錯的部分。但這次你必須反其道而行，找出自己最好的狀態，提醒自己，你的 STRIVE 特質為何以及如何成為一種優勢。

落實行動策略：凱莉

在第一次談話中，凱莉描述一年來的生活，並說明她為什麼找上我。她從沒想過請病假，但眼看花了那麼多時間，依然解決不了困境，這令她驚訝又沮喪。她擔心如果不改變，可能不得不離開她熱愛的領域，或者必須賠上更多健康，但她不知道從哪裡著手解決，也說不清楚到底出了什麼問題。我向凱莉保證沒有什麼需要解決的大事，並向她說明STRIVE特質。我要求凱莉先完成本章前面列出的「STRIVE特質量表」，再進行第二次談話。

再次見面時，凱莉說這是她首度能用語言表達感受和掙扎；STRIVE特質這整個系統是她開始考慮改變所需的資訊。凱莉終於明白自己並沒有一蹶不振，只是需要以不同方式面對自己，有這樣的體認可以說是一種突破。意識到她不能對自己抱持和別人一樣的期望，這讓她退後一步，看到更宏觀的格局，因而得以評估她想要先在哪些方面做出更好的改變。

凱莉檢查自己的STRIVE特質時，注意到她在一些方面給自己打了低分，她最擔心的是，自己在「周密思考」這一項嚴重失衡，導致許多負面的自我對話，比如責備自己沒有達到應有的工作量，還有總是叮嚀自己要加倍努力工作。我們進一步討論這項指標後，她已能將「周密思考」視為自己的優勢，尤其是當她任職的機構需要以創新方式來接觸目標群體時。此外，她更深刻體認到，在這間迫切需要敬業主管的機構中，正是這六大特質使她成為出色的執行者和合作者。她的困難不是因為無能為力，而是她正以不適合的方式運用自身的六大特質。

凱莉努力以全新目光看待自己，儘管她希望採取的行動不會立即產生結果，但她意識到自己有能力扭轉局面，以截長補短的方式重新運用六大特質。凱莉開始行動，第一步是與一位值得信賴的同事坐下來，表明她恢復上班後再次感到壓力沉重。這個消息令對方深感訝異，畢竟需要承擔額外責任時，凱莉總是第一個站出來。兩人共同決定，在接下來的六個月裡，要為機構繁重的工作量訂定規範，整合新計畫，其中最重要的就是增聘員工。儘管凱莉對尋求幫助感到緊張，但她深知，如果她真能以全新方式運用六大特質，她就不得不改變原先的做事方法，並不再堅持完全弄懂事情會如何進行。

最重要的是，她開始實踐本書傳達的許多技巧，包括讓內心的批評聲浪安靜下來，接受自己的情緒，以及學習如何勇敢說出心聲，並為自己辯護。本書將在後續章節為你展現這些技巧。你在第九章會看到，雖然凱莉這條路走得沒有那麼順利，但在重返工作崗位幾個月內，她能更客觀地思考職業生涯，著眼於理解（和保護）她的敏感，利用它做為自己的優勢，並引導她以更健康、更持久的方式繼續走下去。

((有效練習))

平衡輪

了解自己就是接納你的成長領域，同時將你的雄心壯志和敏感當做優勢。平衡輪是一種視覺技巧，用來確定你的 STRIVE 特質平衡或不平衡，以及首先需要關注的地方。下面就以凱莉的平衡輪為例，暫且把你的平衡輪收在安全的地方，後續章節再回來討論你的部分。

做法

一、**給自己打分數**。還記得你之前完成的 STRIVE 特質量表嗎？用一到十的等級對每種特質進行評分，一表示不平衡，十表示完全平衡。接下將所有數值加總，再除以題數，得到每個特質的平均數。你的平衡輪上每個區塊都代表你在某個 STRIVE 特質中目前的平衡程度。

二、**畫出你的現狀**。在每個區塊畫一條線並著色（請參見下圖示例）。

三、**確定你想要的目標**。根據你希望在未來六個月內達到的程度，對平衡輪上每個區塊進行評分，在區塊上畫一條虛線。

四、**以直覺判斷整體情況**。如果覺得不對，就調整數值，但不要因為你認為應該更高而增加數值。

五、**算出距離達標有多少差距**。著色部分和虛線之間的落差就是你達標的差距，在每個區塊外寫出兩個數字的差額，某些區塊將比其他區塊有更大的差距。在閱讀本書後續章節時，你最想先著手處理的是哪些方面？目標並不是達到完美平衡，而是評估你究竟是離平衡愈來愈近還是愈來愈遠。

平衡輪

（凱莉）

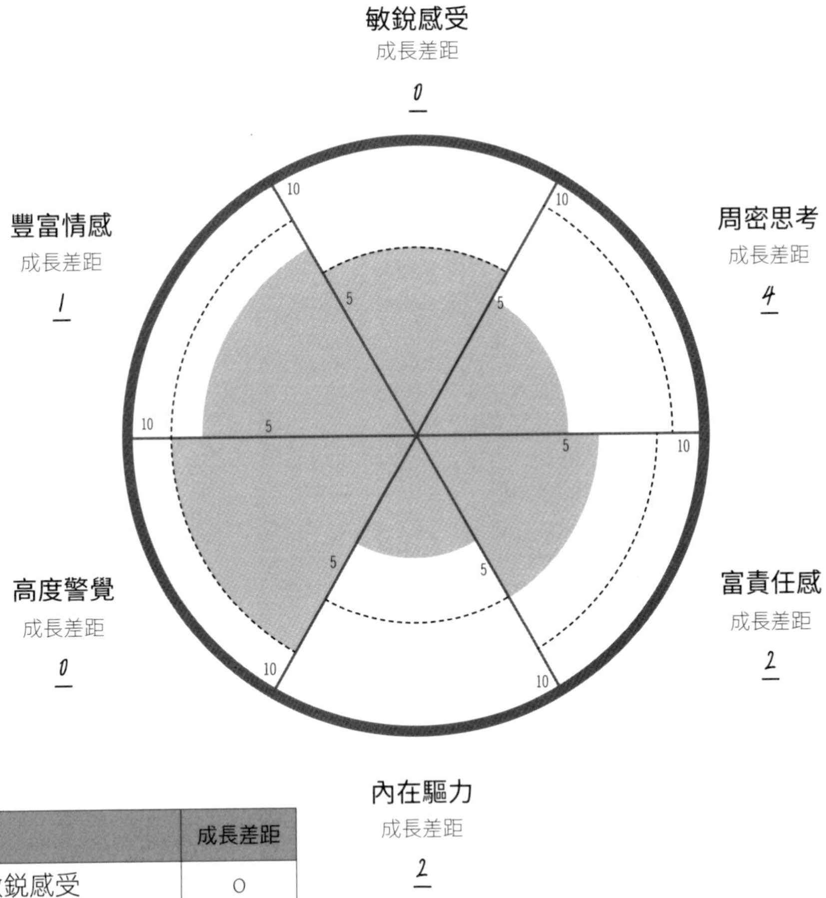

	成長差距
敏銳感受	0
周密思考	4
富責任感	2
內在驅力	2
高度警覺	0
豐富情感	1

平衡輪

(　　　　　)

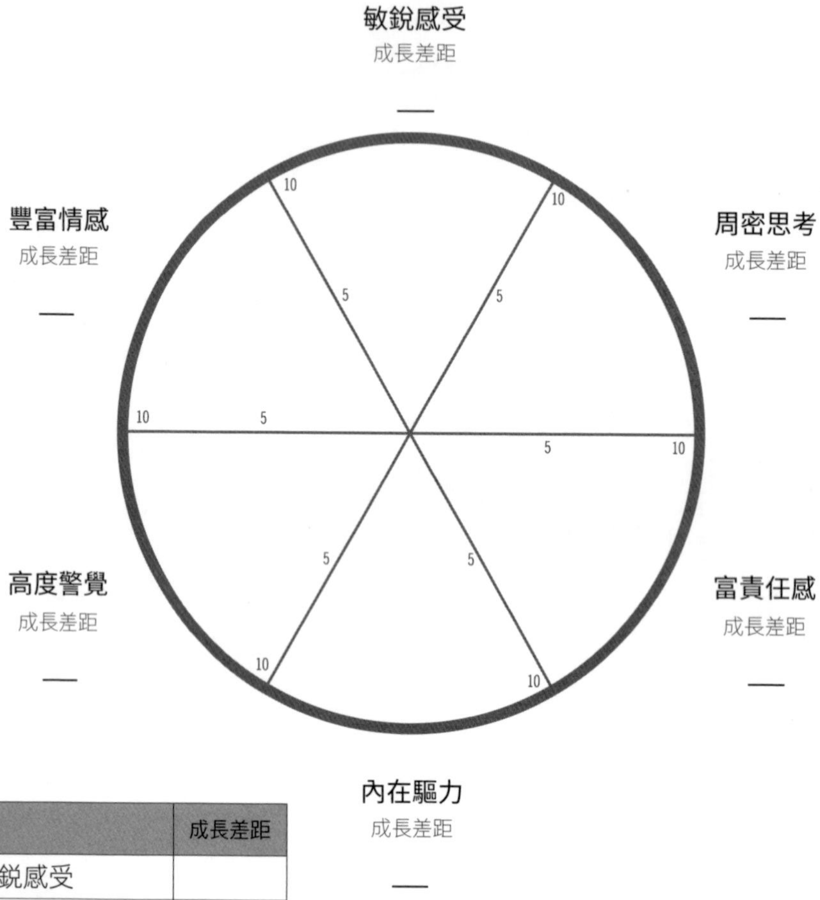

	成長差距
敏銳感受	
周密思考	
富責任感	
內在驅力	
高度警覺	
豐富情感	

平衡輪

(　　　　)

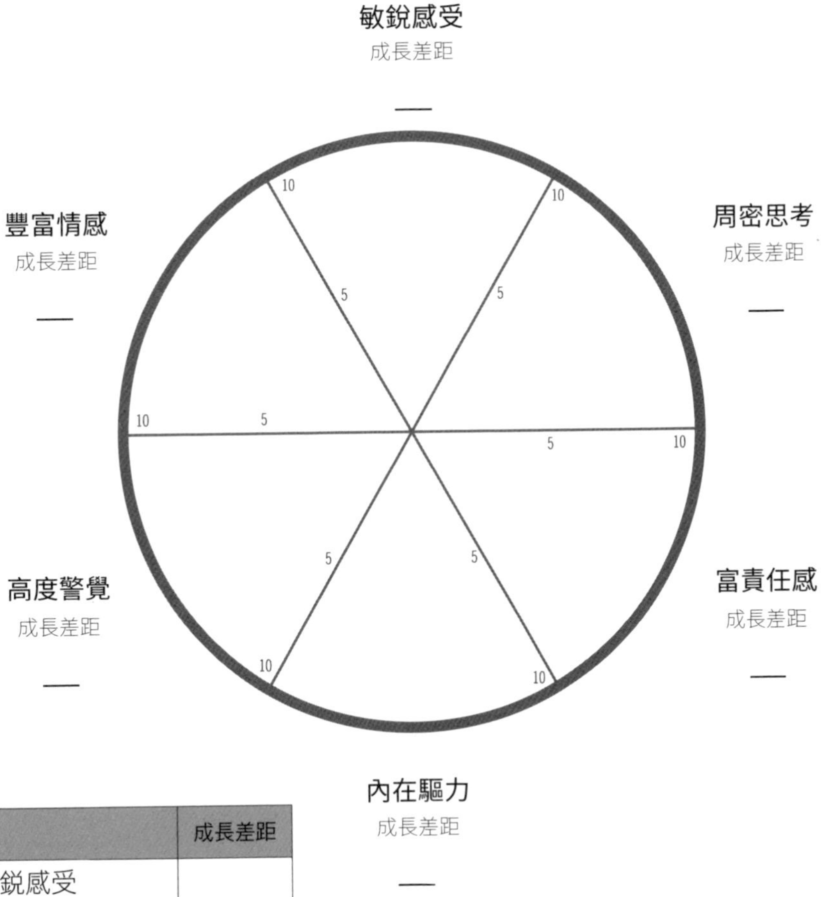

	成長差距
敏銳感受	
周密思考	
富責任感	
內在驅力	
高度警覺	
豐富情感	

02 克服優等生迷思

當我們成長、改變和轉變時，其實並沒有變得更好……
我們只是回到了本來該有的狀態。

——麗莎．奧利維拉（Lisa Olivera）*

星期五下午一點，艾麗西亞坐在廚房流理檯前，心不在焉地來回點擊網頁瀏覽器上十三則求才訊息。她心想：如果我現在做出改變，將不得不重新開始。但要是不盡快邁出這一步，我可能會永遠卡在這裡。艾麗西亞是大型雜誌社的廣告部副總，她深知這是一份人人稱羨的工作，除了擁有高達六位數美元的收入，並享有週五在家工作和延長產假等優厚福利，現在的她比以往更需要這類福利，因為她打算生孩子。就在這時，姊姊進廚房泡茶，隨口問了句：「妳是宿醉了嗎？」艾麗西亞搖搖頭。她前晚沒有出去喝酒，自然不是宿醉，而是陷入了優等生迷思（Honor Roll Hangover）。

十七年前，艾麗西亞全心投入廣告事業。勤奮、敏感的她穩定升遷，薪水也愈來愈高，但她對廣告業務愈來愈沒有熱情。表面看來，艾麗西亞似乎事業有成，但多年以後，她開始後悔自己的決定（並一直為此自責不已）。她經常懷疑，自己是否將職涯中最重要的幾年浪費在不再感興趣或毫無意義的工作上。艾麗西亞一直擅長建立和維護人際關係，但就個人而言，她發現自己在辦公室很孤獨，因為同事愛搞小圈圈，使她無法與大家共進午餐，也無法享受

*麗莎．奧利維拉，美國婚姻與家庭諮商師，著有《這就夠了》（*Already Enough*）。

下班後的團體歡樂時光。她仍然為自己從實習生升上副總而自豪，但對公司來說，她唯一的價值建立在接單能力上，她已經開始鄙視這一點。「簽大單的持續壓力令我精疲力盡，我一點都不高興。」第一次見面時她這麼說，隨著經濟衰退和公司考慮裁員，這種壓力日益增加。

顯然艾麗西亞需要改變，但她滿心縈繞的只有困惑和絕望，完全不像她過去面臨挑戰時總是充滿活力與決意。曾經很有幫助的「內在驅力」，現在只是推著她朝向不再重視的目標前進，而她高漲的「高度警覺」阻止她做出改變，因為她太擔心別人會怎麼想，也擔心自己沒有能力根據經濟狀況採取行動。她知道自己有很大的潛力，卻又覺得她一直在放任自己走下坡。

艾麗西亞在康莊大道上走了多年，就跟許多高敏感鬥士一樣，這類人是「做該做的事」箇中好手。**許多高敏感鬥士成年後始終在某種表演中過活，呈現出他們認為自己必須呈現的樣子**，以便晉升為成功人士。我一直在客戶身上看到這一點：無論是為了獲得第一次升遷而精疲力盡，還是領導大型跨國團隊，他們都像艾麗西亞一樣，儘管成就不凡，仍然苦於猶豫不決與缺乏自信。

為了覺得自己很有價值，高敏感鬥士試圖透過追求外界認可、升遷、榮譽和肯定來獲得自尊。他們（下意識地）相信，只要更加努力，他們就會覺得自己夠好，所以會更賣力、更長時間地工作，以彌補他們片面認定的失敗。由於缺乏內在穩定性，他們被迫從外界獲得信心。成就的快感或許可以暫時滿足他們，但當高潮不可避免地消退，高敏感鬥士心中徒留不滿和疲憊。這個循環是我稱之為「優等生迷思」的典型，一團混亂地夾雜了完美主義、取悅他人和做太多等特質，導致高敏感鬥士對成就上癮。

你一生中最糟糕的迷思

優等生迷思可不是吃些培根、雞蛋和起司三明治就能解決的宿醉，這是一種成就上癮，從高敏感鬥士幼時直到進入職場，始終如影隨形。當你整夜大量飲酒，隔天可能會焦慮、疲勞又空虛，而優等生迷思就跟宿醉的後遺症一樣。曾在課堂上幫助你表現出色的信念和行為，現在反而阻礙你進步，害你失去內心的平靜，這時你就會陷入優等生迷思。

毫無疑問，優等生迷思是我的客戶在學習信任自己時面臨的最大障礙。然而，一旦他們不再將自我價值和成就劃上等號，他們就會意識到，自己可以從生產力與對工作的投入當中尋求意義，而不必受其控制。

優等生迷思往往以下列方式出現：

- **你專注於設定目標**。你喜歡設定目標，並且設定了很多目標，往往沒有目標就會茫然不知所措。你心中認定，如果實現目標，你就是個有價值的人。如果沒有，那你就一文不值。
- **只要你不是最好的，你就不夠好**。你這一生不管是從前在學校和課外活動，或是如今在職場，都會努力做到完美。對你來說，任何低於A^{+}的表現都像是失敗。如果你的表現剛好符合期望，對你來說就好似考試不及格，讓你只想爬上床窩個好幾天。
- **你覺得自己像個冒牌貨**。儘管你受過教育和訓練，擁有豐富經驗，但你覺得自己不如同事或同儕博學多聞——這被稱為冒牌者症候群。你擔心自己說話的方式顯得很無知，或者你會舉手提供愚蠢的想法，以致暴露你是個騙子，你也一直相信自己是騙子。
- **你專注於以正確方式做事**。你進行每一項任務時都非常重視細節，否則你就會覺得彆扭。關注細節對你來說很重要（即使已經不會再有人針對這一點給你打分數）。
- **你強迫自己更努力地工作——但工作方式不一定更聰明**。你永遠不會對自己感到滿意，尤其是允許自己休息時，你可能認為這麼做很浪費或不應該。除非你的日程安排充滿各種應盡義務，否則你會覺得自己做得不夠。
- **你渴望獲得殊榮**。你期待主管、同事或生活中其他重要人士對你的努力表示讚賞，若沒有得到他們的肯定就會無比失望。

- **你犯錯時會無比自責**。即使對職涯沒有太大影響，你跌倒後也很難站起。當你犯錯往往會感到羞恥，而不是內疚。羞恥會說，我很壞（這意味著性格缺陷），而內疚會說，我犯了錯（這意味著你有能力修補或改進）。
- **你的情緒就像一列失控的火車**。對於高敏感鬥士來說，「豐富情感」是生活中的真實存在，但優等生迷思會讓你過度敏感——使你陷入自我批判，對日常壓力、不便或他人意見做出反應。你可能經常無緣無故地感到喜怒無常。

優等生迷思的三個要素

導致優等生迷思的三個要素分別是：

一、**完美主義**。完美主義會讓你過分強調自己的弱點而低估優點。這看起來像對錯誤過分糾結，總是覺得你非證明自己不可。而實情卻是如此：完美主義並不是真的要完美無瑕（你或許也意識到這是不可能的）。它其實是一種應對機制，可以控制你的恐懼，或者分散你對恐懼的注意力。你相信自己必須表現出光彩奪目、無可挑剔的樣貌，如此一來就沒有人看到你內心的掙扎。完美主義也讓你相信只有一種正確的做事方法，其他方式你都無法接受。

二、**取悅他人**。成為一個帶來愉快的同事或提供協助的主管固然值得讚揚，但始終將他人擺在首位，對你的職業幸福往往會產生負面影響。例如，為了取悅他人，即使你有更好的解決方案，你也可能會同意同事的拙劣想法。從本質上講，取悅他人是一種徵兆，意味著你強烈希望被認可，但對自己的評價很低，因為你的思考和行為方式有損你的核心價值觀。由此產生的不安全感可能會驅使你遵從他人的意見和期望（即使你根本不想這樣），並且會讓你在應該拒絕時難以拒絕。

三、**做太多**。你是可靠的人，足以貫徹執行、信守諾言並按時完成任務。但你也是一個做太多的人，總是擔心如果你不做某事，其他人也不會做。這會讓你付出慘痛代價，你可能會害自己身心過度緊繃，或者把別人的責任攬在自己身上，比如一肩挑起團隊的職責，弄得自己深夜和週末都在加班。你甚至可能會嘗試對其他人的反應負起責任（這裡先爆個雷：這是不可能的）。心理負擔可能會令人難以承受，除了精疲力竭之外，做太多的最大問題是會產生不健康的工作模式，導致其他人「做太少」。當你承擔起解決問題和

優等生迷思

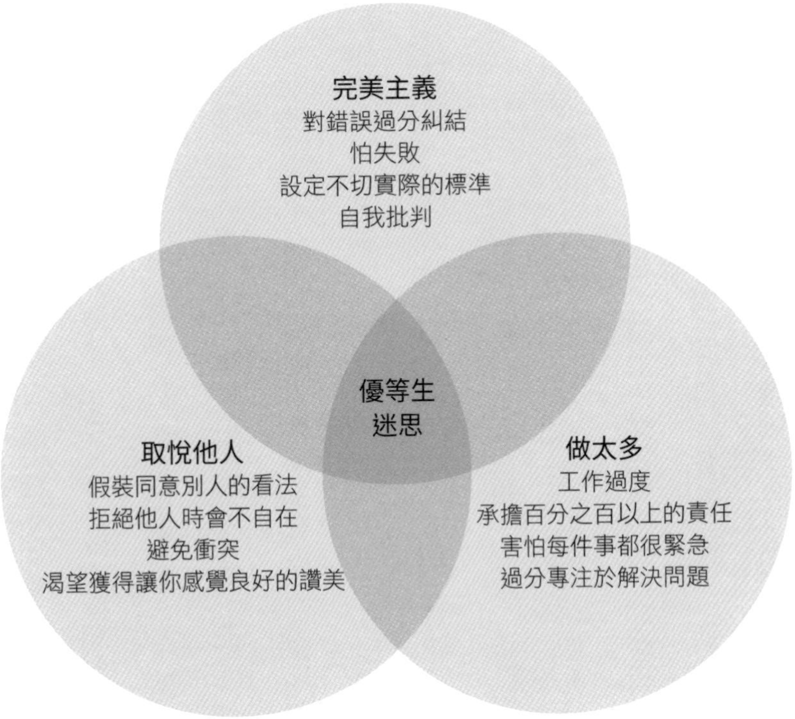

營救他人的責任時，他們不必盡自己的本分，最好的情況下你只會感到沮喪，但最壞的情況下則會造成損害。

爲什麼「裝到成眞」行不通

世上沒有能解決優等生迷思的利器，許多高敏感鬥士不得不努力隱藏「自己不夠好」的感覺。如果無法隱藏，他們會試著裝到成真，並拚命抗拒自我懷疑的感覺，只希望總有一天能達到感覺自己夠好的程度。優等生迷思使我們認為，只要我們在清單上夠多的方框裡打勾或滿足最低要求和先決條件，我們就可以獲得肯定和價值，這是不合理或不可能的。這不是職場的運作方式。在你的職業生涯中不斷追求A⁺不僅徒勞而且有害。它會讓你精疲力盡，更重要的是，它會使你遠離重要和最好的東西。

知名記者安妮．海倫．彼得森（Anne Helen Petersen）渴望在職業生涯和成人階段獲得成功，這直接導致她精疲力盡。她在嗡嗡新聞網上（BuzzFeed）寫道：「我已經接受應該一直工作的想法……因為從小生活中每個人每件事都在或明或暗地強調它。」安妮的優等生迷思表現出厭倦和無法遏止的衝動，她總是忍不住要去做些什麼並實現目標，而且不計後果。她開始注意到，雖然她可以巧妙地兼顧多項工作、財務、健康和長途旅行，但她會連續數週忽略其他基本任務，比如上醫院看診或給朋友發電子郵件，這些與工作無關的事原本可以讓她的生活變得更輕鬆或更美好。安妮感到羞愧，她就是無法像其他人一樣擺脫拖延症。當她深入探索職業和生活之間的不平衡，終於意識到這情形並非源自缺乏欲望或時間；這是幾十年來嘗試「實現最終目標的結果，而最終目標有三：第一是擁有一份好工作，第二是這份工作很酷或聽起來很酷，第三是這份工作（讓她）可以追求自己的愛好。」她從小被灌輸這樣的觀念：生活和工作就是一系列比賽，而不是一種存在、學習與發展的狀態。

無數高敏感鬥士都跟安妮一樣，他們的經歷符合一項研究結果：人有可能對成就和外界肯定發展出不健康的依賴。不管是勾選清單上的方框、追求更高成就，還是為他人帶來快樂，一種「感覺良好」的化學物質會瞬間襲上心頭，使得大腦對此上癮。就像吸毒一樣，你需要不斷表現才能享受到快感，但即使我們的文化頌揚工作狂，這終究不是什麼好事。社群媒體讓我們保持聯繫，並將自己與朋友的精彩片段進行比較。跟上大家和避免落後的壓力會導致焦慮、抑鬱、自卑和更差勁的工作表現。但是你爬得愈高，跌得就愈深。研究指出，高收入上班族承受更多壓力，也更容易忽視休息時間——這對他們的福祉來說不是好消息。

包括安妮在內，許多高敏感鬥士試圖透過所謂的自我照護和生活技巧來解決優等生迷思，這只能提供暫時緩解（實際上可能會導致問題）。為了解決根本原因，你需要釐清自己何時才能不被渴望獲得成就所捆綁。

行動策略：放下目標

有遠大的抱負和目標不是問題，真正不健康的，是優等生迷思如何使你與這些目標產生連結，以及你追逐它們的動機，最終導致你的STRIVE特質失衡。為了從優等生迷思轉變到相信你自己，就需要去評估你的雄心壯志何時以及為何不再為你所用，如此才能拋開無效、失焦的目標，並為切合自身需求的騰出更多空間。以下幾點，能幫助你察覺何時需要重新考慮（或完全放棄）當下目標或優先事項。

當目標不是你真正想要的：如果你迫切期待更上層樓，因而渴望升遷，那很好。但是，如果你只是因為被競爭或義務驅使而努力往上爬，那就該檢查一下自己的心態了。跡象顯示你的「富責任感」和「高度警覺」正失去平衡，你會告訴自己，你「應該／必須／需要追求某事」，而不是「想要去做某事」。報名參加半程馬拉松，只因為辦公室裡每個人都在做，這與你渴望挑戰體能完全不同。前者只不過是害怕自己錯過了什麼，而後者才是內心真正的渴望。

當目標帶來的痛苦大過益處：沒有什麼事從頭到尾都很有趣，不管你多愛它都一樣。如果你覺得追求目標有點可怕，或者你擔心自己是否能實現，這些感覺都是正常的。但當你的擔憂或某些負面情緒超出了健康的程度，就可能帶來極度的恐懼、多個失眠的夜晚或其他健康上的後果。這些是你的「豐富情感」和「敏銳感受」等特質所製造的或輕或重的推力，也意味著優等生迷思正在發揮作用。例如，一想到要把整個工作日都花在客戶服務上，你的胃可能就一陣緊縮，儘管有些人覺得這工作很酷。

當你更關注結果而不是過程：你的「周密思考」會變得僵化，這種情況發生時，你可能會沉迷於如願以償的喜悅，以致沒有考慮到自己是否真的想要獲得實現目標所需的技能。例如，你可能將目標定為一年內將客戶數量拓展到一百萬，但你其實不是真的希望公司發展到這等規模，因為你必須面對由此衍生的後續事項（例如組建團隊、管理預算等）。

當你放棄自己：隨著年歲漸長，你可能會捨棄某些夢想，但不惜代價都要固守下去的承諾會讓你堅持進行過時的事項，儘管熱情早已消失。當STRIVE特質中的「內在驅力」不平衡時，目標可能會把你搾乾，你很快會發現自己為了完成任務而忽視個人福祉。

✦卡關解方

一、**鎖定有把握獲得的東西**。放棄沒用的東西需要勇氣。與其鎖定正在失去的事物，不如著眼於放下目標能為你帶來什麼，比如更多時間和精力。請記住，沒有任何決定是永久的。你可以不斷調整，直到找到適合且平衡的目標。

二、**果斷地大砍不必要事項**。在我的一個小組輔導計畫中，客戶嘗試將待辦事項清單減少百分之七十，效果非常顯著。一位成員找到了新的收入來源。另一個人開始寫一本書，他多年來向自己保證要開始動筆，但一直沒做到。大砍清單迫使他們去蕪存菁，擺脫任何不必要的任務。

三、**把「比較」當做指引**。優等生迷思發作時，你可能會發現自己不停與他人比較。嫉妒是一種跡象，表示你懷有一種未曾意識到的渴望，想得到、體驗到你目前所沒有（或還沒達到你滿意程度）的東西或經歷。你想將哪個暗藏心底的祕密或欲望說出來？

四、**擺脫「錯失機會恐懼症」**。只要牽涉到專業和職涯發展，你就害怕錯失機會，使得你對未來每一次大小會議或任務都來者不拒。你還會告訴自己：「這次可能是重大突破或與重要人士建立聯繫的珍貴機會」，藉以合理化自己的行為。我發現，只要問問自己：「如果這個活動或委任工作，明天就得出席，我還會覺得興奮嗎？」就能幫助我在當下忠於自己的需求和欲望。

落實行動策略：艾麗西亞

當艾麗西亞退一步思考職業生涯和一直以來引導她的目標，她意識到，不停向上爬讓她很痛苦。不僅工作精力降到最低水準，「高度警覺」更超速運轉，一想到她若是辭掉工作生孩子，別人會怎麼看她，尤其是她的同事會怎麼想，她就受不了。焦慮令她精疲力盡，以致她不再去健身房，也不再做陶藝，這兩個嗜好都曾為她帶來快樂。

儘管起初覺得不自然，但為了重新平衡「內在驅力」，艾麗西亞仍決定暫停找新工作，也不再在開發新業務和客戶服務之間拚命來回衝刺。她與老闆討論了縮減每月業績配額，以便她專心維繫客戶，由於大客戶正打算減少廣告預算，留住他們對公司來說非常重要。艾麗西亞重獲久違的閒暇時光，也重拾那些讓她感覺良好的習慣，就從重新報名陶藝課開始。她還特意安排每週與姊姊或朋友共進午餐或晚餐，這樣她就會有一些值得期待的社交活動。八週過後，這些微小的變化幫助艾麗西亞擺脫優等生迷思，她對未來更加樂觀，也覺得重新找回了自己。最可貴的是，隨著心靈煥然一新，情緒回復穩定，她獲得足夠的喘息空間，得以重新思考，如何讓職業目標與個人目標及優勢互相呼應。在第十章中，我們將回來繼續探討艾麗西亞的案例，了解她如何重新定義對她來說重要的東西並繼續前進。

和艾麗西亞一樣，承認自己有優等生迷思，將帶給你新的開始，只要你願意，它會幫助你更真誠地面對自我。「放下目標」這個行動策略是一種號召，要你停止過著自動駕駛般的生活。因此，在你感到精疲力盡、沒有動力或無所適從的日子裡，請回歸自我最真實的需求。以好奇心對待這些感受，探索優等生迷思在哪些地方可以發揮正常作用，並從自我關懷的角度做出回應，這樣一切都會變得更好。

（（有效練習））

優等生迷思五天療程

清點自己做了哪些事，可以直接了解你如何讓完美主義、取悅他人和做太多控制你的生活。這些資料將揭露你需要放棄哪些期望和義務，以便你可以騰出精力重新投資自己並重拾自主權。

做法

一、**記錄所有活動**。在接下來的五天裡，利用後面提供的「優等生迷思療程」表格，記錄你如何度過每一天。一開始你也可以使用行事曆或計畫表。要明確記錄，別只是在一個欄位裡填入「工作八小時」，這樣太籠統了。請寫下特定項目或會議，以一小時為單位來記錄。如果你發現自己在任務之間跳來跳去，就要記錄得更清楚一點。這當下可能會很痛苦，但為了你之後更幸福，絕對值得這麼做，你獲得的資料將改善你的生活。

二、**特別標示出優等生迷思的實例**。下列情況很可能就是優等生迷思出現的徵兆，當某個任務令你……

- 感到苦惱或難為情
- 產生責任感、壓力感或緊迫感
- 覺得不該做，但還是做了
- 覺得像是必須或應該做的事情

擔心你所有記錄都符合這些條件？本書提供的工具將幫助你做出重大改變。

三、**做出改變**。挑選一項低風險的任務或義務，從待辦事項清單中刪除，以不同的方式處理，委由他人代辦或減少投入的精力。嘗試一種感覺最簡單或者最能發揮影響力的方法。例如，與其強迫自己提高生產力並在醒來時立刻回覆電子郵件，不如聽聽有聲書。或者與主管討論，在能力範圍內重新訂定時間表，這樣你就不必工作到很晚。在接下來的三十天內繼續放棄更多小任務，看似微小的步驟加起來會產生可觀的成果。

優等生迷思五天療程

（艾麗西亞）

優等生迷思療程					
日期：2月4日			如果前一欄答「有」，接著回答這三欄		
時間	活動	優等生迷思發作？（有／沒有）	事情如何發生？	我該如何改變？	以上改變為我帶來什麼？
6–7:45	晨間例行事務	有	邊吃早餐邊看社群媒體，感覺自己很糟糕。	觀看鼓舞人心的影片，而不是瀏覽社群留言。	在一天工作開始前餵養心靈，為自己做點什麼。
8–9	團隊每日例會	有	因主管建議，我屈服並接下令我倍感吃力的業績額度。	下週和主管談談，把它縮減到更合理的額度。	我鬆了一口氣，這意味著我不必經常旅行。
9–11:30	與客戶會面	沒有			
12–1:15	午休	有	午餐時間仍在工作，因為我想讓客戶開心並迅速扭轉提案。	規劃與姊姊共進午餐，或事先為本週陶瓷課預計打造的作品畫出草圖。	我可以輕輕鬆鬆享用午餐了！
1:30–2:30	製作關於「維持客戶收益」的投影片	沒有			
3–4:30	開發潛在客戶	有	在接下來幾週內安排六次會議，總覺得要跟上進度很有壓力，立刻感到害怕起來。	將我開發潛在客戶的時間限制在每天半小時。	我可以將時間和精力重新分配到與創意團隊一起工作，這很有趣且讓我樂在其中。
5–5:45	傍晚散步	有	寫信給客戶時苦惱於想不到合適的詞彙。為什麼我要寫這封信！現在本該是我的私人時間。	出門前刪除手機中的工作信件，以免我忍不住去看。	我可以聽最喜歡的播客節目或冥想。
6–7	陶藝課	沒有			
7:30–8:30	晚餐	沒有			
9–10:30	找工作	有	試圖在履歷上有進展，但覺得徒勞。陷入困境，只能呆望著求職網站。	停！我已答應自己要暫停找工作。	我因此騰出很多時間，得以從事更多藝術創作。
11–11:30	夜間例行事務	沒有			

優等生迷思五天療程

（　　　　　　　　　）

優等生迷思療程					
日期：　　月　　日			如果前一欄答「有」，接著回答這三欄		
時間	活動	優等生迷思發作？（有／沒有）	事情如何發生？	我該如何改變？	以上改變為我帶來什麼？

03 允許自己

不要等待他人給予讚美、殊榮或認可。不要等待別人允許你領導。

——泰拉．摩爾（Tara Mohr）*

如果你已經完成第二章的有效練習，想必已經明白：放棄不再有用的目標，可以幫你找回時間和心靈空間。但若要邁向目標更明確的生活，追求有意義的成就並善用 STRIVE 特質，這只是第一步。下一步是允許自己以想要的方式探索和行動，而不是從外界尋求許可。

尋求許可是一種本能，每個人生來都渴望討人喜歡、有歸屬感。想避免被拒絕、批判或失敗的痛苦，這很正常。更何況，這些外界的肯定也並非全然無用。當你知道自己是某個計畫得以成功的大功臣，或者因出色的工作表現而獲得獎勵，也會為你帶來滿足感。但**對高敏感鬥士來說，尋求外界認可這件事，總難免會從「渴望」升級為「依賴」**，我的許多客戶已經在這類問題中掙扎很久，崔維斯也不例外。

崔維斯還沒坐下就遞給我一張紙，最上面潦草地寫著「接案價目表」。他說：「今年會是我從副業中賺到第一個一百美元的時候。來，妳看一下。」

望著這份複雜的電子表格，我驚呆了。崔維斯在一家醫院擔任程式設計師，十八個月以來，他一直想投入兼職工作。崔維斯是業餘長跑運動員，上大學後就開始撰寫跑步主題的部

*泰拉・摩爾，「敢於成大器」女性領導力課程創辦人，也在各大報擔任專欄作家，著有《妳就是大器》（*Playing Big*）。

落格。他曾考慮擔任跑步教練，或者在技術層面協助朋友的新運動鞋公司，但歷經放下目標的階段後，他決定擱置其他想法，改投入技術諮詢這門生意。

崔維斯是典型的高敏感鬥士，他孜孜不倦地展開了創業冒險。他專攻一種市場需求量很大的程式語言，花了很多時間研究創業步驟，分析市場，並加入線上副業社群，希望尋求更多資訊和靈感。他甚至與支持他的夥伴進行討論。但是「準備」了將近一年，崔維斯仍然卡關，於是他找上了我。我將表格遞還給崔維斯，對他說：「在我們深入研究你的定價計畫之前，請容我先提問。你有一個非常緊密的人際網路，對吧？」

「是的，人們一直在尋求我的建議。」崔維斯說。「我知道我可以利用這一點獲得不錯的副業收入，但在開拓業務之前，我需要確保一切井井有條。」說著，他指了指價目表。

「為什麼？」我問。

「唔，因為本來就應該這麼做啊。」

果然沒錯，崔維斯的優等生迷思跳出來攪局，瘋狂發作。崔維斯說，他從小到大都被鼓勵要遵守規則，並因滿足父母的期望而受到讚揚。他深知這令他討人喜歡，但他從來沒有把這些經驗連結起來，也就沒能明白：他一直以來尋求的外界肯定，也正妨礙他的進步。除非他百分之百確認自己的決定是對的，否則不會輕易跨出一步。身為成年人，他的「富責任感」從就職第一天起便幾乎處在失衡的狀態，小至每次開會都要過度仔細地準備，大到一再檢查程式碼是否正確，哪怕他早已是業內公認的專家。如今，因為優等生迷思，他決定遵循一個創業公式，並在新生意一毛錢都還沒賺到時，堅持花費大量寶貴時間來規劃複雜的收費結構。

我很常遇到像崔維斯這樣的客戶，他們希望拓展業務、提升工作表現，或者對自己的身分和工作更加自豪。雖然他們面臨的挑戰性質不盡相同，但基本上都在問同一個問題：「我要如何不再懷疑自己？」**換句話說，他們正在尋求信任自己的許可，希望在這世界換一種生存方式，不會完全受到外界期望支配**。這可能是你長久以來（或有生以來！）第一次允許自己擁有這種自由。想要完全接受它，首先要審視你把主導權交到別人手中而不自覺的老毛病，然後將自己從受限的期望和障礙中釋放出來，這樣你就可以堅定地向前邁進。

允許自己去……

如何才能允許你引導自己進行本書後續章節，幫助你擺脫原來的方式，我們不妨在此明確定義。請衡量你需要在下列各方面給予自己多少許可：

允許自己……成功。你渴望討人喜歡，也許阻礙了自己發揮所有潛力。你可能害怕比別人更出色、過分招搖或得罪他人。但是畫地自限對任何人都沒有好處，尤其是你自己。請記住，沒有「正確」的方式，只有適合你的方式。事情要親手掌控，允許自己獨立思考。允許自己成功也意味著在你覺得完全合格或準備就緒之前就展開新行動。

允許自己……犯錯。錯誤不是失敗。生而為人本來就不完美，當事情沒有按計畫進行時，至少可以從中學到經驗。不要糾結於哪裡出了問題（說來容易做來難，我知道），原諒自己並承認你以有限的訊息和資源做了最大的努力。抱持一種實驗心態，在這實驗中沒有錯誤，只有學習。

允許自己……做你自己。當你尋找有效發揮 STRIVE 特質的適當做法時，記得要有耐心。你可以讓「豐富情感」成為自己的競爭優勢（第四章），運用直覺（第六章）或者設定不同目標以彰顯你的「內在驅力」（第九章）。不要僅僅因為受人懷疑就改變信念；你的偏好、選擇和抱負是值得且重要的。接受自己現在所處的位置，而不是責備自己沒站上該有的位置。

不自覺地向外尋求認可，會奪走你的自主權

尋求獎勵和讚譽是一種嘗試增強自我價值感的方法，但通常徒勞無功。不過，尋求認可或許會以其他不自覺的方式，滲入你的習慣中。

過度道歉：在不必要時說抱歉是一種下意識行為，讓你再次確信自己沒問題並被允許存在。比如電子郵件開頭就寫：「很抱歉打擾你，但是……」或是搭公車時對隔壁乘客說：「抱歉！借我過一下。」當你說抱歉，是否暗自希望有人會說「沒什麼好抱歉的——你很好」，或者是「哦，不用道歉，你那份簡報做得很好」？

把決定權交給別人：一旦你必須做出決定，你會自動徵詢他人意見，還是拖到別人給你答案？這樣做就是在放棄責任，告訴自己「別人的意見比自己的意見更重要」。基本上就是在表明：我不相信自己會做出選擇，

你從哪裡尋找許可？	
向外界尋找	向內在尋找
• 等待別人詢問或等待機會出現在眼前	• 在你認為可以做出貢獻的地方創造機會
• 因害怕未受他人認可而退縮	• 即使覺得自己沒有百分之百合格，也要表達你的想法
• 需要受到他人喜歡或被人告知你有能力又優秀	• 設定自己的標準和目標，秉持誠信行事
• 擔心失去認可（例如表揚、金錢、升遷）	• 重視從犯錯中修煉的品格
• 根據他人的看法貶低或重新評估你的想法和情緒	• 尊重自己，覺得自己有權體驗你的想法和感受

所以告訴我你認為怎麼做對我最好。把決定權交出去，意味著除非他人同意，否則你不認為自己的判斷有價值、有效或值得。

限制並質疑你的貢獻：習慣以這種話作為開場白：「我不確定這是不是好主意，但是……」或者是：「我不是專家……」這意味著一種潛在信念：你覺得自己不夠資格或不夠好。同樣的，在表達中摻雜這類句子：「我講的話有沒有道理？」或「沒關係，對吧？」將會削弱你的影響力（詳細說明參見第十二章）。它還表明你對自己的想法沒有信心，也就不可能產生信任。

這些習慣看似微不足道，但它們代表了你尋求認可的日常方式，使你更加無法信任自己。

不要被動等待別人來找你

法蘭・豪瑟（Fran Hauser）是媒體主管與《柔韌》（*The Myth of Nice Girl*）一書作者，她體現了高敏感族不依賴外界肯定也能成功的真諦。一九九〇年代晚期，法蘭在「瘋電影」（Moviefone，一家提供自動購買電影票服務的公司）工作時，她意識到公司錯失了賺錢的大好機會。他們一直以來只向電影院出售廣告，從未想過開發其他行業的客戶，以致白白錯過許多發財機會。法蘭想成立一個團隊來開發這項業務，但她擔心主動出擊會惹惱其他人。

許多高敏感鬥士都有過相同遭遇。也許你在會議上有了一個想法，卻擔心提出時聽起來不夠聰明或有創意。或者，也許你花了很多時間試圖擬定完善策略，就像崔維斯一樣，最後長達數週或數月停滯不前。以法蘭為例，她沒有等老闆分配團隊便決定主動出擊。法蘭以成效卓著的方式展現了「富責任感」，也運用了「周密思考」，她找來營收主管和研究主管，大家共同制定一個非常扎實的計畫，老闆同意她組建兩人團隊，拓展其他品牌的廣告業績。後來，在法蘭的協助下，「瘋電影」以四億美元高價賣給「美國線上」（AOL）。二〇〇一年，法蘭晉升為「瘋電影」和「美國線上電影」的副總裁兼總經理。法蘭的故事表明，如果你真的想發揮影響力，不能坐等別人來找你，必須相信自己的判斷，為自己創造機會。

行動策略：準備好前就行動

等到你覺得準備好了再開始，這可能是一種安全的選擇，其實是註定失敗的賭注。那麼，你該如何停止懷疑自己，並允許自己成功、犯錯、做自己？祕訣就是立刻開始行動，特別是在你覺得準備好之前就開始。

其中的挑戰在於學會接受「不完美的行動」，並相信自己在過程中有能力處理好細節。別再只是等「準備好了」的感覺降臨，在這裡我們需要反轉公式：你必須先停下過度思考、開始行動，才能學會真正相信你自己。對自己證明你能堅持下去，這是你建立內在力量的方式。因此，唯有從現在展開行動，你才會成為你所憧憬的樣貌。

本書將在後續章節運用不完美的行動來改變阻礙你的習慣和信念，此外，它也是一種生活方式，你可以透過它實現當下和多年來所有目標和夢想。它是不可或缺的要素，讓你以不同方式進行實驗並面對自我，而不會受到藉口或誤判所阻撓。如果你發現自己因擔心即將發生的事情而猶豫不決或毫無作為，請嘗試下列做法：

- **鎖定「下一個最佳步驟」**：今天你能做什麼以便更接近目標？這會讓你更容易釐清方向並採取行動，順利跨出下一步，而不是試圖規劃幾個月或幾年後的未來。這也有助於你與時俱進，因為你會靈活採取行動，而不是陷在僵化的完美主義。
- **將「延宕化學習」改為「即時化學習」**：參加十門線上課程，收聽每一個播客節目，像這樣經常無休止地尋找更多資訊，可能只是高敏感鬥士的轉移策略，我稱之為「延宕化學習」。

沒有行動，知識是無用的，所以請現在開始投入「即時化學習」。所謂的即時化學習是在需要時獲取知識，例如在職位產生變化時再學習，而不是為了（虛假的）安慰而囤積知識。

- **從你的韌性中汲取養分**：每當客戶糾結於非要準備好才開始，我會請他們分享曾經克服過最困難的三件事，不一定要與當前的目標或任務直接相關。只要提醒自己「我可以克服挑戰」，就能為你帶來超越恐懼和憂慮的信心。你可以思考以下問題來激發上前線衝刺所需的勇氣：

我曾經歷充滿挑戰的時期，是什麼幫助我度過難關？

如果今天是我一生中最勇敢的時候，我會做些什麼？

如果我知道自己不會失敗，我現在會採取什麼行動？

我可以利用自身哪些正面的 STRIVE 特質來繼續前進？

在準備好之前就開始會不會有風險？當然有，而這就是重點。自信並非成功的先決條件，它是冒險和不完美行動的副產品。也就是說，準備好前就行動，能夠讓你在艱難中邁步向前，並在前進的過程中逐漸建立堅實的自信。允許自己信任自己，也就是如此。

✦**卡關解方**

一、**告訴自己你需要聽到什麼**。想想你一直渴望從別人那裡聽到什麼（你會成為了不起的經理！或者，你非常擅長創意項目）。別等別人對你說，你要先對自己說。把它寫在便利貼上，貼在電腦、鏡子或其他醒目的地方。或者，如果你向高層做完會報後感到不放心，先花五分鐘找出你覺得自豪的原因，再向他人尋求安心。

二、**自由採取行動**。如果你完全允許自己做想做的事，請列出你會做的一切。想想你告訴自己哪些領域還沒有準備好，把它們寫下來。試著問問自己是什麼讓本週、這個月或今年如此美妙，值得開一瓶香檳來慶祝一下。你的「有一天可能會」清單——比如打造個人品牌或在會議上發言——可能會令你的心頭小鹿亂撞，這是好兆頭，意味著它們值得你邁步向前。提出夢想和願望是實現它們的第一步。

三、**別太在意別人的看法**。有人給你建議或意見，並不表示你就必須接受它。重要的是要意識到：其他人對你的看法有時是他們不安全感的投射，而不是你的真實寫照，這一點很重要。我喜歡布芮尼．布朗（Brené Brown）*的小技巧，她說：「我的錢包裡有一小張紙，寫在上面的名字都是能給我重要意見的人。要上那個名單，你必須愛我的長處和掙扎。」

落實行動策略：崔維斯

透過我們之間的談話，崔維斯意識到他把事情複雜化了。他不需要更多建議或知識，他已經擁有開展副業所需的一切，只需要決定最好的下一步，而不是試圖擬定遙遠未來的定價和收入。他的首要任務是允許自己獲得成功，並且擺脫「只要我想談生意或請人引介，別人就會覺得我傲慢自大」的想法。我請他想一想：「如果事情很容易，你也知道該採取哪些正確步驟，那會是什麼樣子？」

因此，他決定不在定價表上耗費更多時間，轉而聯繫了過去一年向他徵求意見的每個人，

*布芮尼．布朗，美國休士頓大學教授，畢生致力於研究勇氣、脆弱、自卑和同理心，相關著作共計五本登上《紐約時報》暢銷書排行榜榜首，包括《召喚勇氣》（*Dare to Lead*）與《脆弱的力量》（*Daring Greatly*）。

讓他們知道他可以擔任顧問，每小時一百美元——這是他看到醫院向外部承包商支付的費用。他在一個月內獲得三個客戶，在六個月內，幾個客戶要求提供更複雜的服務，他重新評估並提高價格。在發展業務的過程中，崔維斯也允許自己實驗、玩耍和犯錯。為了開發陌生客戶，崔維斯設計了幾款入門軟體，並拍攝一系列影片，說明他的理論架構和做法。儘管看到這些影片的人很少，也只有一位客戶購買新軟體，崔維斯還是利用所學繼續改進服務，向潛在客戶介紹工作流程時也力求明確清楚。一開始他覺得很可怕，但把自己推出去，透過在錯誤中學習及不斷嘗試，慢慢把生意做起來，滿足了崔維斯的好奇心和創造力，他感到興奮和自豪。解決客戶的問題為他帶來快樂，讓他全心投入。透過這些小小的成功，崔維斯得以擁抱更平靜、更樂觀的態度，他體認到，自己擁有一切所需的條件，他的副業開展指日可待。

✦說出心聲，做出行動

你如何與自我對話很重要，冒牌者症候群（感覺自己沒有資格，或者覺得自己是個冒牌貨和騙子）可能是追求適合方向的最大障礙之一。你可以改變與自我對話的模式，就從現在開始。

冒牌者症候群會說……		允許自己會說……
我不知道我在做什麼。	↓	我會去做，並看看事情如何發展。
我需要正確地做事。	↓	我可以找到適合自己的方法。
我得等待完美時機。	↓	我知道我永遠不會百分之百準備好，但還是要採取行動。
我必須確保一切正常才能繼續。	↓	除非另有安排，否則我將繼續目前的計畫。
我會看起來像個無頭蒼蠅、門外漢。	↓	我不可能無所不知，在需要時尋求協助才是明智的。
我必須一直努力工作來證明我夠好。	↓	我會把那些自己做起來輕鬆的事，視為我的強項。
我總是需要做得更多。	↓	我可以做得更少，但做得更好。

（（ 有 效 練 習 ））

你的許可單

在你的記憶中，許可單或許是繼續前進或完成夢想（例如參加考察旅行）的許可證。為了擺脫優等生迷思，下一步我希望你為**自己**寫一份許可單。它必須來自你（而不是我、你的經理或其他任何人），這樣才能凸顯它的重要性。與其同情和關注他人，不如利用這次機會，將你的 STRIVE 特質應用在自己身上。透過這種方式，你將開始運用深度思考、情感和自我意識來做出選擇，並依靠自己的內在智慧。

做法

一、**回想一個你想得太多或過度複雜化的情況**。也可能是一次令人興奮的機會，你卻告訴自己並不適合。

二、**填寫許可單**。我提供了一個範本來引導你，其中涵蓋了高敏感鬥士最常面臨的幾種糾結模式。

三、**把它放在容易拿到的地方**。我強烈建議將許可單貼在牆上或塞進辦公桌抽屜裡，當你需要提醒自己已經擁有成功所需的一切（只要能擺脫舊習慣），就可以立刻把它找出來。

四、**根據需要重新審視它**。你將在本書後續章節重新檢驗許可單，你也可以每個月、每一季或每當發現面臨新挑戰、風險或改變而引發懷疑時進行此練習。

你的許可單

（崔維斯）

我在此授予自己完全和無限制的許可，可以拓展我的人脈，以便／為了以顧問的身分賺取生平第一筆一百美元的顧問費。

具體來說：

我有權因為請別人引介而感到緊張。

我有權去相信我有一項寶貴的技能可以提供。

當我注意到恐懼阻礙我提供專業知識時，我有權推自己一把。

當我在醫院忙碌了一天時，我有權休息。

我有權開始製作系列影片來宣傳工作。

我有權嘗試向老同事發送電子郵件，邀他們喝咖啡。

我有權停止極度擔心定價表。

我有權放棄期望自己了解經營顧問公司的一切。

是時候原諒自己花了一年時間嘗試推展副業，我明白它幫助我釐清什麼是重要的，什麼是不重要的。我已準備好把自己推出去並承諾立刻開始，這樣我就有希望在一個月內談成第一筆顧問生意。

現在，充分允許自己並全心全意相信自己很重要，因為我已準備好迎接全新挑戰。我相信自己會在前進的過程中釐清一切，並且知道無論發生什麼事，我都有把握。

最真摯的

崔維斯

你的許可單

（　　　　　　）

我在此授予自己完全和無限制的許可，可以＿＿＿＿＿＿＿＿＿＿＿＿＿＿，以便／為了＿＿＿＿＿＿＿＿。

具體來說：

我有權因為＿＿＿＿＿＿＿＿＿＿＿＿而感到＿＿＿＿＿＿＿＿。

我有權＿＿＿＿＿＿＿＿＿＿＿＿。

當＿＿＿＿＿＿＿＿＿＿＿＿，我有權推自己一把。

當＿＿＿＿＿＿＿＿＿＿＿＿，我有權休息。

我有權開始＿＿＿＿＿＿＿＿＿＿＿＿。

我有權嘗試＿＿＿＿＿＿＿＿＿＿＿＿。

我有權停止＿＿＿＿＿＿＿＿＿＿＿＿。

我有權放棄＿＿＿＿＿＿＿＿＿＿＿＿。

是時候原諒自己＿＿＿＿＿＿＿＿＿＿＿＿＿＿＿＿＿＿＿＿＿，我明白它幫助我＿＿＿＿＿＿＿＿＿＿＿＿。我已準備好＿＿＿＿＿＿＿＿＿＿＿＿＿＿＿＿並承諾＿＿＿＿＿＿＿＿＿＿＿＿，這樣我就＿＿＿＿＿＿＿＿＿＿＿＿。

現在，充分允許自己並全心全意相信自己很重要，因為＿＿＿＿＿＿＿＿。我相信自己＿＿＿＿＿＿＿＿＿＿＿，並且知道無論發生什麼事，我都有把握。

最真摯的

（　　　　　　）

PART 2

TAME SELF-SABOTAGE

揮別自我傷害

04 將負面情緒化為正面優勢

我們的感覺不是問題，問題在於我們與它們的關係。

——安柏・瑞（Amber Rae）*

叮。凱瑟琳的信件匣收到一封來自主管貝絲的電子郵件。嘿，小琳，馬克剛剛把網站主頁設計寄來了，等妳有時間一起討論再告訴我。

妳一定是在開玩笑吧，她心想。馬克不知道我是他的直屬經理嗎？凱瑟琳不敢相信馬克竟越過她，設計稿沒有先給她過目就發給貝絲。她怒火中燒，感到暴躁又昏眩，只好閉上眼睛努力讓自己冷靜下來。

六個月前，凱瑟琳升任用戶界面資深設計師，短短一個月後，公司派她指導新進員工馬克。凱瑟琳的團隊迅速擴展，她明白領導團隊是職業生涯的全新挑戰，第一次擔任主管難免令她戰戰兢兢。不幸的是，她與性格非常直接又強勢的馬克始終處不來。他非常有才華，但過分在意工作進度，並渴望在團隊表現出色時獲得所有讚賞。有時他似乎對於跟凱瑟琳相處感到挫敗，甚至曾經無視她在會議裡下達的指示。幾週後，一位大客戶的網站即將上線，凱瑟琳明確表示，所有設計都需經過她批准才能呈報創意總監貝絲。馬克竟越級上報，凱瑟琳感覺就像是被搧了一記耳光。

*安柏．瑞，美國作家及藝術家，傳授大眾激發創造力與自我成長的祕訣，其著作融合個人經歷與心理學。

凱瑟琳試圖擬定對策，但她坐立難安，不知如何是好。如果是在心情平靜的狀態下，解決方式顯而易見，那便是直接找馬克處理問題，但是凱瑟琳的「豐富情感」大爆發，她擔心自己在回應時會忍不住大喊或哭泣。她雖擁有主管身分，卻覺得自己宛如情緒的受害者。

令人沮喪的是，凱瑟琳知道自己的情感特質有時是一種優勢。從軟體的外觀和給人的感覺到用戶的實際體驗，她都有調整設計的敏銳能力，帶給用戶驚豔及欣喜。她甚至主導開發了專案管理軟體，受到財富五百大企業青睞，並贏得業內獎項，表彰她在情感化設計方面的成就。她不禁想到：*我反應過度了，不按牌理出牌的人是馬克，不是我。*凱瑟琳決定幾個小時後再去找貝絲，畢竟當務之急是確保軟體如期上市。她關掉電子郵件收件匣，回到手邊的設計工作，但無法集中注意力，身體頻頻發顫，覺得慌亂不安。「我花了整整三個小時才恢復鎮定。」她後來告訴我。「等到我振作起來，一天差不多也要結束了。」凱瑟琳和我的許多客戶一樣，深受情緒波動影響，無法處理這種情況，也無法完成其他事務。她的「豐富情感」特質已經徹底擊敗了她。

凱瑟琳發現自己處境艱難，哪怕再怎麼努力壓抑感覺，就像嘗試在水下拿著沙灘球一樣，到了某個深度後，不管你耗費多大力氣壓制，球依然會浮出水面。只要你能把球壓在水下，水面就會平靜無波，但當你一隻手忙著壓球，只空出另一隻手來做事，你的行動和精力都會受到限制。當你鬆開手時，球一定會立刻浮上水面，弄得一團糟。

這是因為逃避無法送走情緒。高敏感鬥士在失衡的「豐富情感」中掙扎時，會一邊耗費大量精力假裝沒事，一邊暗自盤算解決之道，試圖處理內心強烈的反應。從另一方面來看，如果你一直活在劇烈起伏的情緒洪流中，氾濫的情緒將破壞你的人生，令你精疲力盡。該如何在「忽略情緒」和「被情緒主宰」之間找到平衡？答案是學會接受並善加管理各種內在反應。深刻感受和體驗各種情緒，才能做回真正的自己。更明白地說，只要你學會有效運用它，學會投入並接納這種特質，它就能成為你的競爭優勢。

你抗拒的事物會持續存在

在我的諮商生涯中，客戶都知道我最愛說這句話：「你抗拒的事物會持續存在。」這意味著面對情緒時，你愈堅持與它們對抗或試圖改變，或認定有情緒就是錯的，那麼你掙扎的時間就愈長。在職場尤其如此，或許你被職場的風氣潛移默化，相信自己需要壓抑「豐富情感」才能成功。其實有個更好的辦法：將這些感覺視為個人先天與專業優勢的自然延伸。

就像天氣一樣，不管我們喜不喜歡，情緒一直都在，重要的是你必須辨別、衡量和理解它們；但是，它們不必非得是你計畫中的要素不可。當天氣不好（或不合你意）時，並不意味著你一定要否認它、過分在乎它，或者因此取消計畫。你需要的是接受它並採取因應措施。雖然說來容易做來難，但你可以開始像對待天氣一樣對待自己的情緒——接受它並做好準備。

根據研究，高敏感族往往更為自己的感受而羞恥，並認為自己無能為力。其實你可以幫自己一個大忙：把情緒看作是內心恆常存在的一部分，並在它出現時駕馭它。心甘情願地允許、承認和理解內心感受，將為你帶來下列助益：

- **避免耗盡心力**。焦慮、痛苦和緊張等高強度情緒會造成精神負擔，因為它們會激發身體的「戰或逃反應」。《幸福之路》（*The Happiness Track*）作者艾瑪．賽帕拉（Emma Seppala）指出，長時間且高強度情緒會損害免疫系統、記憶力和注意力。即使你刻意想要避開，高強度情緒也不會消失。矛盾的是，它們還會增強，只會讓你的心力更枯竭。情緒或許令人煩躁，但不會永久持續，逃避反而比面對更容易令你精疲力盡。
- **左右你的反應**。當你深陷逃避的痛苦當中，往往感到無助和情緒被勒索，整個人彷彿就要失控。反過來看，當你願意接受情緒，就有機會了解內心世界，進而更熟練地駕馭它。請對自己證明，你可以靈活處理情緒，例如，改變它的強度或持續時間並更快恢復。

- **留意情緒帶來的訊息**。情緒是感官智力（sensory intelligence）和洞察力的來源，提供有關需求或可以採取哪些行動的重要訊息，以便你做出更真實可靠的反應。即使是所謂的不好或負面情緒也有作用。例如，恐懼是保護安全的一種方式，而內疚則表明有錯誤需要彌補。當你開始將自己的情緒視為傳達訊息的信使，你與它們的關係就會發生變化。
- **加強情緒平衡**。主動接受與被動順從不同，它意味著放棄與情緒抗爭，但沒有放棄自己。諷刺的是，接受情緒可以促進心理健康，有助於減少情緒波動及提高整體生活滿意度。最重要的是，接受它，就有機會扭轉先前「豐富情感」特質帶來的負面效應，你不會再把情緒當做需要克服的東西。

✦你的情緒是一種競爭優勢

你的「豐富情感」一旦取得平衡，就會為你帶來各種益處。不妨參考下列事實：

· 職場表現出色的人，有百分之九十情商也很高。

- 心理健康服務公司 BetterUp 的研究指出，百分之九十二高階主管將管理情緒等軟技能視為叱吒業界的重要能力。
- 情感豐富的主管所領導的團隊往往更值得信任、表現更好，並且更具備創新能力。
- 百分之七十五的人力資源經理表示，他們較有可能提拔更願意與人情感連結的員工。
- 情感豐富的員工更關注自己的內在，因此善於自我激勵，不但能減少拖延，還可以增強自信心並實現長期目標。

行動策略：平復心情

不管感覺多麼強烈，你都可以在被情緒掌控之前控制住自己。所有情緒都從生理能量開始，因此讓生理平靜下來是最快、最可靠的方式，讓你找回自主權，掌控自己和整個經歷。等到你平復心情，就能理解剛才的反應，聽到情緒試圖傳達給你的訊息。

人的神經系統是為了充電和放電、刺激和放鬆等規律循環所設計的，問題是許多高敏感鬥士長期受到過度刺激，「豐富情感」變得無法控制。當交感神經系統增強時，你會不知所措，因為反應強度超過了處理能力。身體準備戰鬥或逃跑時會釋放壓力荷爾蒙，血壓和心率會增加。正因如此，本書提供的行動策略是打造一個內在控管機制，以便你在處理其他事務前，有能力應付生理反應並放鬆神經系統。

有一種名為「接地」（一譯安心穩步）的正念技巧簡單好用，可以助你平復心情。接地會啟動負責休息和恢復的副交感神經系統，它開始運作後，你的心率便會緩和下來，血液也會流向前額葉皮層，提高你的決策力和注意力。接地直接影響大腦喚醒中心的神經，向身心發出信號，表明可以安全地鎮靜下來。你可以嘗試數十種不同的接地練習，從深呼吸、漸進式放鬆到想像，方法應有盡有。大多數練習都不會太引人注意，你可以在打電話、辦公甚至開車時執行。下面是我最喜歡的幾項，本章的「有效練習」單元將指引你找到最適合自己的方法。

五—四—三—二—一工具：選擇周圍五件東西（例如，白色記事本或天花板上一個點）。大聲或無聲地對自己詳細描述看到的事物。選擇四件可以觸摸或感覺的東西，比如嘴裡的舌頭或放在膝蓋上的手。細細體驗這些物品的質地、溫度和觸感。選出你聽到的三個聲音（比如電話鈴聲或空調的嗡嗡聲）。說出兩種你聞到的氣味（如果剛好環境裡沒有任何氣味，就說出你最喜歡的兩種氣味）。說出一種你嘗得到的味道（比如殘存在嘴裡的牙膏味道）。調動五種感官，有助於引導注意力回到當下。

握緊並鬆開：想像自己把所有不舒服情緒集中在手掌上，握緊拳頭五到十秒鐘，然後張開，就好像所有感覺被你釋放後都消失了。

方形呼吸：吸氣四秒鐘，讓空氣停在肺部四秒鐘，呼氣四秒鐘。最後屏息、排空肺部，四秒鐘。理想情況下，建議執行這些步驟三到五分鐘，但即使只有短短的一分鐘也足以體驗效果。如果你是初次嘗試，可以上網尋找教學影片，幫助你進行方形呼吸練習。

接地技巧可引領你轉向低強度的正面情緒，例如平靜、滿足和安寧，讓你感覺有活力、心情平和並掌握主導權，而不是被擔憂、恐懼或羞辱等高強度負面情緒消耗殆盡。最重要的是，你可以透過客觀公正的方式應付並整理你的感受。

一旦身體處於更平靜、沉著的狀態，你就具有更大的優勢，可以想清楚該如何前進。對於大多數高敏感鬥士來說，這是最大的挑戰，因為你可能會對所有選擇感到痲木。別擔心，在後續章節中，你將學會做出符合自己能力範圍、核心價值觀以及生活和職業偏好的決定。但是現在，你必須先問自己下列問題：

- 你是否擁有做決定所需的所有訊息？如果沒有，你能做些什麼來進一步理解問題？

・有什麼是你後悔沒做或沒說的？
・如果你採取某個行動，可能發生的最壞情況是什麼？你能接受這個結果嗎？
・如果你採取某個行動，可能發生的最好情況是什麼？你對這個結果滿意嗎？

✦卡關解方

一、**具體化**。你無法掌控不能用語言表達的事，因此請具體定義你的情緒。例如，當客戶告訴我，他們對工作優先順序的調整感到不知所措，我們會就這個問題繼續深究。他們是因為覺得自己無法取得成果而感到失落？還是因為擔心團隊對自己失望而感到難為情？研究表明，定義你的情緒能讓你迅速擺脫它的掌控，還可以讓你更深入了解整件事的經過及影響，幫助你找出下一步行動的可能性。

二、**保持距離**。用以下句型寫出你的情緒，以便更加客觀：我覺得我＿＿＿＿（情緒），因為……。例如：我覺得我士氣低落，因為有太多事情要做，卻沒有足夠時間來完成一切。當你說出「我覺得我……」就能幫助你與自己的感覺保持距離，並相信它們只是暫時的內在體驗。

三、改變環境。把自己從這種情況帶開總是有幫助的。你可以離開辦公桌去散散步，在沙發上做一次短暫冥想，或者乾脆起身去喝杯咖啡。

四、以你的英雄為榜樣。大多數人都認識一些英雄人物，他們的判斷力或信心總是令人欽佩。想像一下，某個英雄會如何應對情緒激動的情況，例如會議被打斷或加薪要求被拒時，他們會怎麼做？生活中總有一些勵志型人物，思考他們的作為，可以為你帶來新的見解，引領你決定該如何反應。

五、釐清什麼因素會觸發情緒。不妨留意一下，什麼樣的環境和人事物會造成你的「豐富情感」失衡，將來就能精準預測並善加應付內心的反應。例如，如果你知道匆忙會讓你陷入恐慌，請採取措施來緩解時間的緊迫性，例如與團隊成員一對一談話的時間，從三十分鐘延長到四十五分鐘。

落實行動策略：凱瑟琳

等到全辦公室的人都下班離開，凱瑟琳開始一遍遍讀著貝絲的電子郵件。她知道自己正心煩意亂，不可能做出有效反應，也無法正確決定短期或長期該採取哪些因應措施。因此，她闔上筆記型電腦，花了些時間關注自己的身體。她的肩膀很痛，可能是從早到晚都緊張地聳著肩的緣故。她想起每回壓力爆表時，自己就會不自覺地聳肩，她沒有對自己感到沮喪，而是體認到她必須立刻解決肩膀疼痛的問題。她的解決方式並非單純希望痛覺消失或乾脆忽視它，而是在辦公桌前練習方形呼吸，她隨即感到身體放鬆了。她取出記事本，以「我覺得我……」句型做記錄。把想法寫在紙上不僅是一種宣洩，她也因此感覺到肌肉不再緊繃。

凱瑟琳的身體平靜下來，思路也恢復清晰，她決定明早第一件事就是與貝絲會面。她依然很生氣，但也知道若希望如期完工，她不能沒有馬克製作的高品質產品。因此，凱瑟琳決定等到網站啟用後再解決這個問題。她和貝絲第二天一起審閱設計圖稿，透過群組聊天介面將審閱意見發給馬克。貝絲這時才發現凱瑟琳事先沒有看過圖稿，便嘆了口氣。凱瑟琳說：「我知道這是問題，等網站啟用後再來處理。」

「我知道妳應付得來，但我還是要有點表示。」貝絲說。她在訊息末尾特別註明，讓馬克知道，她希望他在呈報任何東西前先去找凱瑟琳。

凱瑟琳鬆了一口氣，因為問題迅速獲得解決，而且貝絲沒有像她原先擔心的那樣對她感到失望。我跟凱瑟琳下次會面時，進一步討論她未來該如何與馬克打交道。我們將在本書第八章探討核心價值觀時再來回顧凱瑟琳的歷程，並在第十二章討論自信的溝通時，看看她如何與馬克一起解決這個問題。

✦以自我照顧取代自我毀滅

提到情緒健康，就不得不談談自我照顧。它很重要且必不可少，但僅僅因為對某件事感覺良好並不意味有幫助。當照顧自己的動力來自滿心只想逃避或轉移注意力時，你可能會透過購物或狂吃零食來達到目的，或者認為在辛苦工作一天後喝一瓶酒是「我應得的」。真正的自我照顧往往不吸引人也不顯而易見——不像泡個澡或修個指甲那麼簡單。從根本上來說，這些獎勵自己的習慣應該要能幫助你繼續前進，而不是把你搾乾。

・**生理自我照顧**：這方面包括運動、良好飲食、補充水分、不舒服時請病假，以及獲取充足睡眠。

・**情緒自我照顧**：除了釐清並接納各種感受，情緒自我照顧還包括設定界限和說不。

・**靈性自我照顧**：可以是宗教，也可以廣泛包括任何將你與更高自我或宇宙聯繫起來的儀式或習慣，例如冥想、接近大自然和寫日記。

・**心智自我照顧**：結束辛勞的一天，你可以觀賞紀錄片而不是真人秀，藉以滋養心智，也可以與伴侶玩棋盤遊戲而不是發洩對工作的不滿。最近，有位客戶對我說，工作上自我提升是一種自我照顧的行為。我不得不同意這個觀點。

・**人際關係自我照顧**：與朋友共進晚餐、寄張卡片給媽媽或從網路社群獲得支持都能幫助你建立牢固、相互尊重的關係。

・**安全與防護自我照顧**：完善管理財務和生涯規劃屬於這一類。

下次你感到壓力爆表或不知所措時，請檢查一下。你是否覺得自己為每種自我照顧付出的時間和精力達到平衡？就像平衡 STRIVE 特質一樣，自我照顧是一種彈性規劃，可能會根據當天情況、你的心情和所處環境而有所不同。有時看起來確實需要讓大腦休息幾個小時，畢竟大多數時候它都在努力運作，以便證明你的能力。

（（有效練習））

選擇自己的接地冒險

透過本書的第一部，你進行了深思和評估。現在，你將在第二部嘗試以新方式面對各種情況和自己。請記住，你正在建立信心並以高效和可靠的方式處理自己的情緒，直到將來這些技巧都成為你的習慣。要平復心情，找回主控權，請先嘗試不同的接地技巧，以找到對你有效的一、兩個方法。

做法

一、**找個可以安靜下來的時間**。下班後或週末騰出十或十五分鐘，只要有一小段安靜、不受干擾的時間都可以，試著執行本章建議的接地技巧，每個都只需要耗費幾秒鐘到一、兩分鐘。

二、**回憶最近一次「豐富情感」特質失衡的情況**。如果你在第一章的有效練習中認為自己在這方面不平衡，請找出一個足以代表你為什麼要特別注意這個特質的情況。也許，你因為遭到同事冤枉而生氣，並為自己沒有達到期望而感到羞恥。也許計畫沒有如預期般迅速進展令你失望。儘管回想這種事可能令你很不愉快，但請讓自己回到那個時刻並嘗試運用接地技巧。

三、**每嘗試一種技巧就暫停一下**。注意你的身體狀態如何改變。呼吸是否變慢？想法有沒有轉變？你可能會感覺思路更清晰。使用本章提供的表格寫下你的體驗，就從細微的轉變開始記錄。如果你感到尷尬，請不要氣餒。你正在重新整理大腦，一開始可能會覺得很奇怪。

四、**選出一種與你產生共鳴的接地技巧**。要持續使用它，關鍵是在低風險的情況下規律練習，這樣一來，日後遇到情緒起伏時，你喜歡的技巧就會發揮作用。

五、**打造提示**。提醒自己，你現在有了接地技巧可供運用。你可以在便當袋貼上便利貼，或以手機行事曆的通知功能在每天上班前提醒自己。

選擇自己的接地冒險

（ 凱瑟琳 ）

接地技巧	我的觀察
五－四－三－二－一工具	這一項對我無效。我的思緒變得不集中，我開始擔心自己趕不上最後期限。
握緊並鬆開	我是一個視覺導向的人，喜歡想像我正在釋放憤怒和煩惱。鬆開拳頭後，我感到肩膀放鬆了。
方形呼吸	哇，方形呼吸對我來說效果驚人！我能感覺到心率減慢，也不再覺得心臟快要跳出胸口。做完方形呼吸，就像被一道溫暖的光芒籠罩全身。

我打算努力嘗試的接地技巧是方形呼吸，我會提醒自己練習，在便利貼畫一個正方形，然後放進便當袋中，以便一打開就能看到它。

選擇自己的接地冒險

(   )

接地技巧	我的觀察
五－四－三－二－一工具	
握緊並鬆開	
方形呼吸	

我打算努力嘗試的接地技巧是＿＿＿＿＿＿＿＿＿＿，我會提醒自己練習，＿＿＿＿＿＿＿＿＿＿＿＿＿＿＿＿＿＿＿＿＿＿＿＿＿＿＿＿＿＿＿＿＿＿＿。

05 不再想太多

把你的想太多轉為心湖平靜無波，告訴自己：我不必無所不知也可以活得很好。

——摩根・哈波・尼可斯（Morgan Harper Nichols）*

我們的腦海幾乎無時無刻都有意識流動，尤其是在工作日，畢竟有太多決定要選擇，太多輕重要權衡。但是，當「周密思考」與「高度警覺」兩項特質超速運轉，人往往會想得太多或困在自己的思緒裡，以致陷入消極心理循環，浪費寶貴時間和精力。

想太多也有很多種形式，而你對自己說的故事，或許並不能夠反映事實。就像汽車的引擎燈號一樣，想太多是一種警告，它在提醒你，你的STRIVE特質需要重新調整。當你將本書的練習融入生活中，進行此類調整將成為你的第二天性，但在剛開始時，你可能需要先停下來並積極轉變心態，就像接下來故事中的凱西一樣，她是我的客戶，正面臨升職的大好機會。

「妳今天過得怎麼樣?講稿準備得如何?」凱西的妻子從廚房探出頭來，對著門口問道。

「我做不到。」凱西氣呼呼地說。「我要告訴葛雷格我改變主意了，他得代替我出席會議。」

一週前，凱西的經理葛雷格要求她代表公司參加今年最盛大的人力資源活動，她將在會上發表演講，談談公司如何運用科技進行公平公正的招聘。葛雷格一開始提出這個想法時，凱西熱切地同意了，因為她有機會接觸到業界高層，她將成為同行中的新星。但現在，她發現

*摩根．哈波．尼可斯，美國當代女藝術家、作曲家及作家，作品主題探討「我們如何建立連結」。

自己忽然猶豫起來。凱西轉行至今已四年，她忍不住去想自己的表現可能不如預期。她走進廚房，在桌前坐下。「幾週前，葛雷格說，簡明扼要的溝通技巧對我有益處。」她說著低下頭。「到時要面對這麼多大人物，大家都會看穿我根本就是隻無頭蒼蠅！」

「哦，別這樣！」妻子高聲喊道。「妳是公司最裡優秀的主持人，這句話葛雷格說過多少次了？去年他在公司聚會上就這麼說，我也在場。更何況，推行這套軟體本來就是妳的主意。拜託，凱西，不要因為他的一個小意見就放棄。」

大學畢業後，凱西當了幾年的小學老師，由於預算刪減，她在三年前遭到解僱。儘管她曾考慮回學校攻讀碩士，最後仍決定從事人力資源工作，她認為這份工作可能會帶來更多成就感和保障。凱西認為自己是一個終身學習者，總是渴望成長和進步，因此毅然決然利用夜間及週末攻讀人力資源學位，同時還得兼差賺取生活費。她甚至報名證照課程以增進技能。凱西的企圖心加上積極受訓，使她成為炙手可熱的雇員，擊敗了另外兩名候選人，進入金融服務公司人力資源部工作，並在上任第一年就升任經理。

這是她夢寐以求的位子。她和葛雷格建立了良好關係，對方很支持她，也預見她有機會在公司進一步發展。凱西也喜歡同事，他們友善、合作且幽默風趣，這是她夢想中的工作環境。

她早上最愛的就是先戴上耳機，再投入招聘職務，直到午餐時間。有一次，凱西忽然想到可以運用軟體來消除公司招聘過程中的潛在偏見。凱西以前當老師時，曾經參與校內的革新計畫，以科技推動多元化和包容性，她在新公司看到類似機會，可以從更大的人才庫中引進更高品質的求職者。葛雷格指派她實施這項計畫並對員工大力推廣，由於成效卓著，下一輪績效週期她很可能再次升職並加薪。

在美好的日子裡，凱西覺得她終於走上正確的道路，而且她還有很多本事尚未施展開來。但其他時候，她的信心動搖，她發現自己的心思一直鬼打牆，有個聲音不停大喊大叫，批評她不知道自己在做什麼。她經常將自己的進步歸功於踏踏實實進行計畫，並在過程中截長補短，卻從不曾歸因於她的才能、職業道德和樂於邊做邊學。葛雷格在會議上認可她的貢獻，凱西對他的讚美一笑置之，表示自己的成功純屬僥倖。她夜裡經常輾轉反側，擔心再度遭到解僱。現在，她想到要站在臺上介紹自己的工作，腦中浮現最壞的情況。「所有人都會知道我是個騙子！我想我做不到。」凱西說道。她們坐下來吃晚飯。「別那麼快否定。」妻子鼓勵她。「給自己幾天時間，看看之後的感覺如何。」凱西不相信給自己更多時間會有幫助。儘管她知道，要是放棄這次機會她一定會後悔，但她就是無法阻止自己毫無助益地思考和評估。雖然她很努力，依然克制不住地想太多。

各種形態的想太多

想太多有幾種形式，可能包括：

反覆思量：當你反覆思考，等於活在過去，而且住下來後就不走了。你一遍又一遍地分析和重播已經發生的情況。你可能會一再想著談話內容，剖析人們的肢體語言，並著重於你說了什麼或沒說什麼。還有一種常見情形：你會打造「如果……會怎樣」假設情景（如果我當時說出來會怎樣？如果我接受了那份工作會怎樣？如果我早點聯繫我的人生導師會怎樣？）

被未來耽誤：你可能會發現自己因為擔心未來而犧牲了享受現在。例如，你可能會想：我明天報告時可能會出糗，把該說的話忘得一乾二淨。或者當你和家人出去玩時，你會發現自己滿心縈繞的全是某個工作的最後期限，無法好好放鬆。

冒牌者症候群：雖然證據表明你有能力和成就，但你仍暗中懷疑自己是假冒的或騙子，這便是冒牌者症候群。你可能會懷疑自己的能力，低估自己的專業知識，並將成功歸功於運氣。如果我做得到，任何人都可以，以及我給人的印象是看起來比實際上更聰明，這些不過是冒牌者症候群的幾個例子。

優柔寡斷：你全盤了解情況，但由於害怕犯錯或希望讓你的選擇發揮最高價值，因此很難在多種行動方針間做出選擇。你可能會對週末計畫有不好的預感或陷入分析癱瘓（過度研究或過度分析），阻礙了你的行動。猶豫不決或為取悅別人而背棄原則，往往都伴隨著優柔寡斷。

✦高敏感鬥士與心理健康的注意事項

你可能已經發現，想太多和其他高敏感鬥士跡象聽起來很像焦慮症。沒錯——這兩方面有一些重疊，研究表明某些性格類型更容易出現心理健康問題。關鍵是要意識到，成為高敏感鬥士和罹患焦慮症即使可能同時發生，也絕不會是同一件事。請記住，高敏感是一種特質，而不是病症。STRIVE 特質失衡時，可能會導致你對個人或職涯某些部分（但不是全部）產生短期焦慮。然而，臨床上可診斷的焦慮症是一種持續而全面的慢性症狀，可能伴有恐懼症和恐慌症，導致身心難以正常運作。

行動策略：認出問題並打掉重練

想太多是由消極自我對話所驅動，這在心理學被稱為認知扭曲。認知扭曲很難識別，因為很像白噪音，你已經習慣聽到，甚至不曾意識到它正暗中進行。認知扭曲具有下列特質：

- 自動出現自我批判的思維模式，引發各種形態的想太多
- 它並不準確，只是基於假設，並在不知不覺中帶來痛苦
- 它是感受到恐懼後的反射，而不是能推動你向前的直覺

想太多衍生許多沒有益處的想法，最有效的解決之道是認出問題並打掉重練。認清楚這些無用的想法有什麼問題，然後換一個表述方式，這有助於改善你的觀點，為你找到更有建設性的角度來詮釋事件，進而讓你看到新的可能性並找到解決方案，而不至於困在心底的死胡同裡。打掉重練不一定是要擁有完美平衡的想法（因為你本就處在失衡的狀態），而是要放慢腳步，從宏觀角度看事情。你不需要強行將想法從消極轉為積極，而是柔和地提醒大腦要公平、開放並保持好奇心，不要總是批評和審判。

認知扭曲有許多不同類型，以下列出最常影響高敏感鬥士的幾個種類，以及如何打掉重練。本章的有效練習將幫助你瞄準並消除認知扭曲，以便進一步在第六章開始相信直覺。

全有或全無思考

無用想法：站在極端角度看待事情和自己，沒有中間立場。

句型範例：這件事要是沒做對，我就是個徹頭徹尾的失敗者。

打掉重練：在狀況中找尋微妙之處。當腦海只有兩個岔路口，請放慢腳步並問問自己：你是否可能錯過了某些選擇。具體來說，它有助於將原本的「或是／可是……」句型改為「也……」。

句型範例：本週我締造一些精彩的勝利，也遇到一些困難的挫折。

以偏概全

無用想法：舉出一個不順利的例子，認定它會持續下去。

句型範例：我總是搞砸事情。

打掉重練：停止使用「總是、絕不、全部、每一個」這類極端字眼。個別面對單一狀況，要知道，某件事發生過一次，並不意味著它會再次發生。

句型範例：這次簡報不是我最好的表現，我會為下一場做更多準備。

只看負面

無用想法：忽略情況的所有正面，只關注負面。

句型範例：上司指出的缺失擊垮了我，儘管她的其他評語都是好的。

打掉重練：快速做一次成本效益分析並問問自己，只看負面會如何幫助我，又會如何傷害我？如果只看負面顯然會造成更大傷害，你可能會發現，放過自己再繼續前進反而更容易。

句型範例：很高興上司承認我的執行能力，我會努力提升策略性思考。

災難性思考

無用想法：做最壞的打算。

句型範例：我會被解僱，最後破產和無家可歸。

打掉重練：花點時間確認一下，目前有哪些方面進展還算順利，然後面對你的恐懼。實際可能發生的最壞情況是什麼？你將如何處理？當你探索這個想法到極致時，你會發現不管生活拋來什麼難題，你幾乎都接得住。

句型範例：我不太可能被解僱，就算真的如此，我也會把履歷準備好，透過人脈找工作。

否定自己的長處

無用想法：拒絕接受自己有任何正面特質，比如值得稱讚的優點和成就。

句型範例：這件事任何人都做得到。

打掉重練：當大腦把「沒錯，可是……」句型合理化，不妨只聚焦在自己無可否認的優點上，藉以對抗它。

句型範例：我有很多特長可以發揮，其他人也看得出來，即使有時候我自己沒那麼快發現。

妄下結論

無用想法：做出沒有根據的判斷，並說服自己相信：即使別人沒有說出口，你依然知道他們的感受和想法。

句型範例：他沒有回覆電子郵件，我知道他討厭我。

打掉重練：不妨腦力激盪一下，找出另外五種可能的解釋或查看情況的方式（可以用手指計數）。不妨問問自己，你常常出於恐懼而預測結果，其正確率到底有多高，然後擬定測試這些假設的方法。

句型範例：他沒有回覆我的電子郵件，這意味著他可能很忙。我會繼續追蹤他的情況，不摻雜個人情緒。

情緒化推論

無用想法：深陷在某種不好的情緒中，因為這樣而給自己貼上負面標籤。

句型範例：我感到難過，所以我一定會變成令人討厭的傢伙，沒人想跟我在一起。

打掉重練：描述客觀事實，而不是你對它的情緒反應，並嘗試將自己與情緒分開，以便更客觀地看待它。記住，即使是負面情緒也有機會出現正面結果，例如重新思考情況或設定界限。

句型範例：我感到沮喪，因為工作進度落後。這對我來說是一次大好機會，我可以重新評估什麼是重要的，把不重要的先擱置。

「應該」主張

無用想法：把自己與某個結果或對某事應該如何進展的期望連結起來。

句型範例：我都這麼大了，這件事應該做得更好。

打掉重練：問問自己想要達到誰的期望。這要求來自父母？人生導師？還是老闆？即使你可能自有一套走跳江湖的規則和標準，也要想一想，這些都是誰制定的，是否能讓你過嚮往而有目標的生活。

句型範例：我還不是專家，但我每週都在進步。

包攬過錯

無用想法：要自己對無法控制的事情負責，並為周圍人的幸福負責。

句型範例：計畫失敗了，因為我沒有花足夠時間在上面。

打掉重練：當你犯錯時，要對自己溫柔。自我批判不會激勵你，但自我關懷會。什麼是真正在你控制範圍內的，什麼又不是，不妨把它們都列出來。

句型範例：我可以努力增進表現，但必須牢記，任何計畫總會有一些層面超出我的掌控範圍。

雙重標準

無用想法：用高標準要求自己，對待別人則寬鬆許多。

句型範例：我必須在一小時內回覆客戶，哪怕週末也不例外，但團隊其他成員可以慢慢來。

打掉重練：摒棄完美主義，用你給予他人的尊重和體諒來對待自己。

句型範例：沒有人要求，都是我對自己施壓，要求自己立即回應。以後我會尊重自己的休息需求，並將電話連絡延到星期一。

✦卡關解方

一、**用橡皮筋提醒自己**。將橡皮筋或髮帶繫在手腕上。每次你發現自己想太多時，就用它彈自己一下，默默地說「停止」。這可以讓你回到當下，不至於陷入反覆思量或被未來耽誤。

二、**將內心的批評擬人化**。試著給內心的批評聲音取一個無害的名字。我有一個客戶叫它「霸子」，跟難以捉摸的內心批評聲音比起來，這個名字的威脅性似乎大大降低。另一位客戶從三十元商店買了可愛的怪物雕像，擺在桌子上。這是一個有用的圖騰，幫助她意識到，內心的批評聲音並不像她想像的那麼大和可怕。

三、**讓思緒飄走**。把每一個無益的想法想像成氣球，幻想你鬆開繩子，看著它飄浮在空中，再也看不見。

四、**和它們一起玩**。我喜歡借用別人的曲子，好比貝琳達．卡萊爾（Belinda Carlisle）的熱門歌曲〈天堂是地球的某個地方〉（*Heaven is a Place on Earth*）或韓氏兄弟（Hanson）的〈與世無爭〉（*MMMBop*），配上自己編的詞，唱出內心的批判思想。你還可以透過更改字體為思緒增添幽默和輕鬆。例如，在腦海中用超迷你漫畫字體想像各種念頭，你會發現自己更能夠輕鬆處理思緒。

落實行動策略：凱西

凱西整個星期頻頻夢見自己搞砸演講，三番兩次被惡夢驚醒，渾身冒冷汗。一方面，她想代表公司，畢竟她熱愛工作，為自己一直以來的表現感到自豪。但另一方面，她擔心這次上臺會表現不好，恰恰證明她其實是個無能之輩，並因此再度遭到解僱。

幸運的是，在她計畫與葛雷格會面的前一天，參加了我的輔導課程。凱西和我已經一起努力半年，花了很多時間研究本書提到的策略、練習和技巧，幫助她控制自己的恐懼，並認清無論恐懼多麼強烈都無法傷害她。我們曾經討論到，在她試圖做出這個決定時，她的「周密思考」（通常是一種力量）特質反而對她不利。我指出癥結：她沒有發揮「周密思考」的正面價值，只關注葛雷格某個建設性意見，而不是她兩年來在工作上締造的成就和進步。當我們嘗試釐清她對這場演講猶豫不決的原因，凱西開始將矛頭對準自己慣有的固執想法，正是這些念頭導致她出現冒牌者症候群。每當她對新挑戰感到緊張，往往發現自己變得以偏概全，內心忍不住想：我一定會把這件事搞砸，就像每一份工作一樣。說出這個想法有助於凱西承認幾年前的裁員動搖了她的信心，儘管葛雷格說她可以再簡明扼要一點，但這只是單一評論，再說她也有能力改進。

由於我們沒有太多時間，她必須盡快決定，到底是要告訴葛雷格她改變主意，還是要開始撰寫演講稿。我引導凱西完成了你在後面會讀到的釐清想法練習，讓她跟我再說一次在權衡要退出或把握這次發言機會時腦海中的想法。會面期間，我們寫下了她負面自我談話的例子，我幫助她釐清這些都屬於認知扭曲。我們一起解決了她固執而負面的想法——也就是她必須表現得盡善盡美，否則每個人都會發現她名不符實。這是一個全有或全無思考的例子。接著，我們審視了支持或反駁這種想法的證據。是的，對公司來說她確實是個新人，如果想要晉升，就需要證明自己。此外，這是一次大好機會，可以在有影響力的人面前亮相。反過來看也還是能找到對她有利的證明。葛雷格聲稱凱西是最好的主持人。回顧兩年來的工作表現，她清楚看到，由於她需要培訓員工，使得她更擅長對團體發表談話。雖然主題演講和小組談話不能一概而論，但她知道自己有能力應付不同場合。最後，我們評估她在公司獲得的成就感和歸屬感，她承認是自己難得地結合了專業知識和洞察力，使得招聘計畫非常成功，這是她個人為公司締造的卓越貢獻。

當晚就寢之前，凱西拿出六個月前寫的許可單並重讀一遍。除了允許自己繼續參與多元化招聘計畫，凱西也允許自己成功，儘管她的教學生涯並沒有如預期般順利發展。隔天早上，凱西決定開始排練主題演講，並安排兩週內與葛雷格開個會，審視她的初稿。當然，她腦海中免不了冒出各種複雜的想法，但「認出問題並打掉重練」讓她鼓起勇氣繼續向前。我們將在第十三章再次探討凱西的案例，你會看到人要如何從挫折中重新站起。那天晚上，凱西和妻子舉杯慶祝，還睡了一場好覺，因為她知道自己已不再想太多。此外，她也決定允許自己，運用 STRIVE 特質來實現而非破壞她為自己設定的目標。

((有效練習))

平衡你的想法

一般人或許會覺得想太多是一種不可能解決的問題。養成記錄想法的習慣，你就可以看透自己的認知扭曲，進而化不可能為可能。每天五分鐘就夠了，而且不需要永久持續，你很快就會自然而然地以平靜和自我關懷來處理各種情況及面對自己。

做法

一、**描述情況**。什麼因素導致你想太多？試著描述下列情況：發生了什麼事？當下你在哪裡？是什麼時候？還有誰牽涉其中？

二、**寫下負面的想法**。一次寫一個想法，不要擔心措辭是否完美，只要這麼說：「*我不確定我在想什麼，但我想知道這是否與＿＿＿＿＿有關。*」這就夠了。

三、**釐清它所代表的認知扭曲**。儘可能找出答案，最常見的往往是全有或全無思考、只看負面和妄下結論。

四、**這個想法或許正確的理由是什麼？把證據列出來**。僅採納可驗證的事實，而不是意見和解釋。*我的工作做得亂七八糟*，這句話是一種意見。可驗證的事實則聽起來像是：*我在電子郵件中打錯了字*。

五、**列出反證**。是否有任何經歷（無論多麼微不足道）與這種想法矛盾或足以表明它並非一直都是正確的？

六、**特別留意想太多的後果**。把生理、心理和職業方面的不利因素，都考慮進來。

七、**打造更平衡的想法**。以立基於現實的中立陳述為目標，愈振奮和鼓舞愈好。用下列問題來幫助自己：

- *自信的人會如何回應？*
- *我會如何建議最好的朋友處理這個問題？*
- *什麼想法讓我感到精力充沛和強大？*
- *如果我知道一切問題都能解決，我會相信什麼？*

八、**記下其他觀察結果**。更平衡的想法給你什麼感覺？你可能不會一坐下來就從害怕立刻變得欣喜若狂，但從沮喪到放鬆可能是一個很大的突破。

平衡你的想法

（ 凱西 ）

日期	8月21日	事例

情況

擔心主題演講失敗，一直回想我在哪幾次會議曾經離題。

負面思考

我顯然是一個溝通能力很差的人。

☐ 全有或全無思考
☐ 以偏概全
☐ 只看負面
☐ 災難性思考
■ 否定自己的長處
☐ 妄下結論
☐ 情緒化推論
☐「應該」主張
☐ 包攬過錯
☐ 雙重標準

支持證據

大約一個月前，葛雷格說我跟人交流時應該要簡明扼要。

不支持的證據

我獲得正面的績效評價，正等著升職，還受邀進行主題演講——以上全都證明我的表達和主講能力很好。

結果

☐ 浪費時間想太多
☐ 逃避一項任務
☐ 為了「拯救」他人而做太多
■ 打擊自己
■ 耗盡動力
☐ 拒絕機會
☐ 工作過度
☐ 其他__________

更平衡的思想

☐ 我可以把眼光放遠。
☐ 我只是凡人，不需要把自己逼得太緊。
☐ 我選擇從表面價值看待這種情況。
☐ 從中可以學到一個有用的教訓。
☐ 我可以有不同解釋。
■ 我知道我能處理這件事。
☐ 這個結果實際上對我有用。

我的平衡想法：

我是個很好的溝通者，也有持續精進的動力。

評論和其他意見

一開始接受並承認我曾經得到讚美，這令我相當尷尬。我注意到自己在家及和妻子相處時會出現這種模式，它影響了我們的婚姻。

平衡你的想法

（凱西）

日期	8月21日	事例

情況

我擔心到時無法回答觀眾的問題，被人發現我很無能，最後被解僱，這想法令我反胃想吐。

負面思考

我會搞砸這件事，就像我做的每一份工作一樣。

□ 全有或全無思考
■ 以偏概全
□ 只看負面
□ 災難性思考
□ 否定自己的長處
□ 妄下結論
□ 情緒化推論
□「應該」主張
□ 包攬過錯
□ 雙重標準

支持證據

我曾被學校解僱。

不支持的證據

兩年來我被提拔了好幾次。

結果

■ 浪費時間想太多
□ 逃避一項任務
□ 為了「拯救」他人而做太多
□ 打擊自己
□ 耗盡動力
□ 拒絕機會
□ 工作過度
□ 其他＿＿＿＿＿＿＿＿

更平衡的思想

□ 我可以把眼光放遠。
□ 我只是凡人，不需要把自己逼得太緊。
□ 我選擇從表面價值看待這種情況。
□ 從中可以學到一個有用的教訓。
□ 我可以有不同解釋。
□ 我知道我能處理這件事。
■ 這個結果實際上對我有用。

我的平衡想法：

被學校解僱反而促使我投入人力資源職涯。

評論和其他意見

我沒有意識到——真令我訝異——這個負面劇本暗地裡演很大，深深影響我處理工作和面對自己。

平衡你的想法

（ 凱西 ）

日期	8 月 22 日	事例

情況

我參加美樂蒂的輔導課，討論我是否應該繼續準備這場主題演講。

負面思考

我必須完美執行，否則這活動就是失敗，我則淪為失敗者。

事例

■ 全有或全無思考
□ 以偏概全
□ 只看負面
□ 災難性思考
□ 否定自己的長處
□ 妄下結論
□ 情緒化推論
□ 「應該」主張
□ 包攬過錯
□ 雙重標準

支持證據

主題演講有很大的影響，事關公司在行業中的聲譽。

不支持的證據

即使我的演講中有一些小問題，也不會是世界末日。

結果

□ 浪費時間想太多
□ 逃避一項任務
□ 為了「拯救」他人而做太多
□ 打擊自己
□ 耗盡動力
■ 拒絕機會
□ 工作過度
□ 其他＿＿＿＿＿＿＿＿

更平衡的思想

□ 我可以把眼光放遠。
■ 我只是凡人，不需要把自己逼得太緊。
□ 我選擇從表面價值看待這種情況。
□ 從中可以學到一個有用的教訓。
□ 我可以有不同解釋。
□ 我知道我能處理這件事。
□ 這個結果實際上對我有用。

我的平衡想法：

採取折衷方案：盡我所能，全力表現。

評論和其他意見

解決這個想法後，我終於鬆了口氣，儘管我仍然很緊張（但這種緊張是好的）。

平衡你的想法

（　　　　　）

<table>
<tr><th>日期</th><th>月　日</th><th>事例</th></tr>
<tr><td colspan="2">情況</td><td rowspan="2">☐ 全有或全無思考
☐ 以偏概全
☐ 只看負面
☐ 災難性思考
☐ 否定自己的長處
☐ 妄下結論
☐ 情緒化推論
☐「應該」主張
☐ 包攬過錯
☐ 雙重標準</td></tr>
<tr><td colspan="2">負面思考</td></tr>
<tr><td colspan="2">支持證據</td><td>不支持的證據</td></tr>
<tr><td colspan="2">結果
☐ 浪費時間想太多
☐ 逃避一項任務
☐ 為了「拯救」他人而做太多
☐ 打擊自己
☐ 耗盡動力
☐ 拒絕機會
☐ 工作過度
☐ 其他＿＿＿＿＿＿＿＿</td><td>更平衡的思想
☐ 我可以把眼光放遠。
☐ 我只是凡人，不需要把自己逼得太緊。
☐ 我選擇從表面價值看待這種情況。
☐ 從中可以學到一個有用的教訓。
☐ 我可以有不同解釋。
☐ 我知道我能處理這件事。
☐ 這個結果實際上對我有用。
我的平衡想法：
＿＿＿＿＿＿＿＿＿＿＿＿＿＿＿＿</td></tr>
<tr><td colspan="3">評論和其他意見</td></tr>
</table>

06 相信直覺

直覺是神聖的天賦，理性是虔誠的僕傭。我們創造的社會推崇僕傭，卻遺忘了天賦。

——亞伯特・愛因斯坦（Albert Einstein）

我們在第三章提過崔維斯。在開始顧問業務大約一年後，他告訴我：覺得自己好像處於十字路口。他的生意相當成功，因此十分猶豫，不知道該冒險全力投入創業，還是致力於醫院的全職工作。他每個月的副業收入高達數千美元，而且客戶多到要排隊等候他服務，但他發現自己常需要週末工作，以往他都可以跑步並和伴侶及朋友一起出去玩。一想到從傳統就業飛速進展到成功創業，他一方面感到興奮，另一方面卻覺得不要離開正職比較保險。從實際角度來看，一旦選擇創業，他必須放棄齊全的健康保險和穩定的薪水。此外，崔維斯其實很喜歡目前的職責和工作團隊，也知道他們的工作對於挽救患者生命和維繫醫院正常運作非常重要。

崔維斯擔任顧問期間學到了很多東西，但他害怕讓客戶失望，因此同時接下太多生意。源源不斷的詢問讓他確信服務很受歡迎，但身為謹慎的高敏感鬥士，他想避免做出會後悔的決定。他相當擅長處理工作上的技術細節，部分歸功於他的「敏銳感受」，使他對各種需求都能應付自如。但現在，「敏銳感受」反而令他更加困惑和迷失。他知道自己的「暫停和檢查」系統（據研究者伊蓮．艾融的說法）正閃著燈，警告他在進入潛在危險之前放慢速度。雖然這種傾向在過去對他有益（例如，阻止他在會議上貿然說出無知想法，避免他在公司活動中喝太多酒搞得自己尷尬），但現在，他的高度壓抑只是令他陷入困境。許多個深夜，崔維斯喝著咖啡，透過他想得到的每個理性練習，嘗試做出決定——寫一份利弊清單、進行SWOT（優勢、劣勢、機會或威脅）分析，甚至預估未來五年的收入。但他仍然不知道該怎麼做，只覺得精疲力盡和不安。

崔維斯每次查看社群媒體，都會受到「擴展生意」的訊息轟炸，從將副業擴大到百萬美元規模的培訓廣告，到同事慶祝公司獲得新創投資的最新消息，這只會令他更不安。他內心有種「非成為顧問界明星不可」的沉重壓力，這與他創業的初衷背道而馳，他原本的構想只是開闢另一個財源，並充分利用所學。崔維斯內心深處非常明白，他不想像父親當年一樣，口口聲聲說要創業，卻一直從事有退休金的穩定工作。崔維斯不明白如何利用這個認知讓自己變得更快樂、更充實。當我們一同坐下來討論，崔維斯已被壓力和分析情況的噪音壓垮。他計算過並從各個角度衡量選擇，但他並沒有聽從直覺。

大眾普遍認為直覺是某種迷信或超脫世俗的概念，其實並非如此，它有很深的神經學基礎，可以提供極高的價值。問題在於，大多數高敏感鬥士多年來都在積極打擊自己的直覺，偏愛他人而不是自己的聲音。你可能已經體驗過以這種方式做出決定所帶來的影響。或許，即使直覺告訴你應該休息，你也將自己壓榨到精疲力盡或生病。或者，當你有不同的新想法，可能會保持沉默而不是冒著尷尬的風險大聲說出來。這一切可能會導致優等生迷思。如果你回顧第一章的平衡輪，或許會看到它反映出這些感覺。在第二部的前半部，我們談到認識和重新連接想法與感受，生活就可以反映你需要和想要的事物。一旦你找到了重心，剝開層層的負面自我對話，等在那裡的直覺將引導你找到真實本性。

你的高敏感鬥士第六感

你也許知道直覺的另一個名字——預感、第六感、深層知覺。這是一種無需意識推論便可立即理解事物的能力。換句話說，答案和解決方案主動找上你，但你可能不知道原因或方式。從心理學上講，直覺對內隱記憶（毫不費力地記住並使用從經驗得來的訊息，比如知道不要碰熱爐）產生作用，並且有點像心理模式匹配遊戲。大腦會衡量情況，快速評估所有經歷、記憶、學習經驗、個人需求和偏好，然後根據評估結果做出最明智的決定。透過這種方式，直覺就像內在交通號誌，當情況對你不利或你還沒有準備好，它會提醒你減速或停下來，並在情況允許時為你亮起綠燈，讓你全速前進。

高敏感鬥士除了擅長獲取和處理他人遺漏的訊息，還具有識別模式和整合各種資訊的強大能力。這意味著你的直覺比大多數人更發達，因為你持續對你的知識庫添加跟你的世界和自身有關的新資料。即使你沒有積極使用直覺，仍可能每天從中獲益。例如，如果你是主管，了解下屬可以讓你察覺他們何時沒有動力，進而設法讓他們再度投入工作。如果你正在開發新產品，進行直覺檢查可以將創意發想引導到正確方向。身為心理諮商顧問，我工作時始終依靠直覺。我的工作某方面是為他人的思想和行動打造秩序和架構，即使客戶說不出個所以然，我也能利用直覺找到困擾他們的根源。

直覺很難描述，因為它是抽象的。它難以言喻又充滿能量，更像是一種感覺或氛圍。但是我們依然可以舉出一些具體例子，包括……

腹中有種感覺：科學家把腸胃稱作「第二大腦」是有原因的。整個消化道遍布由一億個神經元組成的龐大神經網路，比脊髓的神經元多，這表明內臟具有令人難以置信的處理能力。每個人都知道當你衡量某個決定時，腹中忽然一沉是什麼感覺，這就是內臟在大聲而清晰地說話。一項研究發現，當避險基金交易員的腸胃信號感知能力高於平均水準時，往往能獲得更大的成功。

其他生理徵兆：你的直覺可能會嘗試透過其他生理徵兆（例如清醒夢或生病）來引起你的注意。我在輔導客戶時，常會注意到一個情況，他們的直覺開始起作用時，語氣會發生變化。心數學院（HeartMath Institute）研究人員將其稱為「高能敏感」，並指出當它發生時，一個人的心律往往會與神經系統的其他部分同步，從而導致更深沉的意識、能量和冷靜。

靈光乍現：有證據表明，科學家經常依靠直覺，無意間出現革命性想法。這種由直覺促成的創新締造了青黴素和魔鬼氈等改變世界的發明。當研究人員的心智保持開放與好奇，並允許問題滲透潛意識，他們就更有可能將創意構想連結起來。這就是為什麼人往往在淋浴時想到最好的點子，當腦袋放鬆，大腦的無意識模式便會跳出來（心理學家稱為「預設網路」），打開允許形成新連接的神經通路。

共時性：直覺思維會刺激大腦的網狀活化系統，讓它掃描你的周遭環境，過濾不重要訊息，並讓重要訊息通過。這就是為什麼當你開始考慮找新工作或想要拓展新客戶時，機會往往突然降臨。你的大腦正在尋找它們，一旦你看到眼前出現希望，便能對新選擇採取行動，創造正面結果。

油然而生的確信：研究表明，將直覺與分析思維結合起來，比起單憑智力能幫助你做出更好、更快、更準確的決策，並讓你對自己的選擇更有信心，在做出人生重大決定時尤其如此。在一項研究中，仔細分析比較後買下新車的人，在購買當下有大約四分之一對自己的選擇感到滿意，而憑直覺購買的人則有百分之六十感到滿意。這是因為依靠快速認知（又稱薄片擷取），可以讓大腦做出明智的決定，不至於想太多。

選擇直覺而非恐懼

莉茲．佛斯蓮（Liz Fosslien）是《我工作，我沒有不開心》（*No Hard Feelings*）的共同作者，對於讓直覺帶路，她有一點經驗可以分享。大約四年前，她獲得一家新創音樂媒體公司的執行編輯職位。在「有人要用我！」的驚喜過後，她面臨重大決定：接受這個職位並在兩週內從美國西岸搬到紐約，或者讓機會溜走。「我陷入混亂又抑鬱的境地。」莉茲說。不管是朋友、人生導師或優步司機，只要願意傾聽，她都焦急地與對方討論她的選擇。和崔維斯一樣，莉茲一開始也繞過內心感受，採取複雜而過度理性的決策模式。但她愈分析愈心力枯竭，反而無法做出決定。到了非決定不可的關頭，莉茲終於選擇聽從直覺。她想像自己繼續在西岸生活，隨即感到後悔湧上心頭。她接著想像搬去紐約過新生活，在街上抓著一把超大椒鹽脆餅，

恐懼與直覺的差異

區分直覺和恐懼可能很棘手。雖然恐懼的聲音是一種要求或限制，但直覺意味著指引和保護。例如，恐懼可能會告訴你接受一項新任務，因為你不想錯失重大突破的好機會。然而，直覺可能會鼓勵你說不，因為你已經操勞過度了。換句話說，直覺是一種推動，促使你按照最大利益行事。以下是辨別兩者差異的其他方法。

恐懼	直覺
逼迫性能量，彷彿在逃避威脅或懲罰	吸引性能量，朝著最大利益前進
一種狂熱的緊迫感	平靜的內心知覺
由不安全感驅使	由信心和自信驅動
身體感到緊張或緊縮	身體感到擴張和放鬆
大聲而誇張地說話	安靜說話，不誇張
在忙碌和混亂中成長	在寂靜中成長
想法反映出認知扭曲	想法反映出高深的智慧
敦促你隱藏、順從或妥協	敦促你發光發熱，按照自己的節奏前進，追求自己的需求和喜好

與新同事相處，雖然有些緊張，但也覺得興奮和激動。於是莉茲接受這份工作，儘管接下來兩年的生活充滿紛亂，公司變化劇烈，但她從不後悔自己的選擇。「單憑感覺就做出改變人生的重大決定，似乎魯莽又不合理……但這並不是一個愚蠢的決定。」

我在撰寫本書時，也不得不在恐懼和直覺之間徘徊。我應一家知名公司邀請，在紐約市某個活動中擔任主講人，聽眾包括許多有影響力的人。問題是我必須在十二週內寫出全新講稿，同時還要撰寫本書和擔任顧問。當我衡量要不要答應這次邀請時，心裡很痛苦。我很怕錯過這大好機會，各種念頭激烈交戰，例如：快想辦法！把它接下來！不能放棄這樣的機會，妳應該很高興他們邀請你。然而，當我和朋友討論如何抉擇時，直覺清楚地浮現。當我談到準備主題演講必須做出的所有犧牲，我覺得喉嚨好像快要關上。當我談到拒絕邀請並專心寫書，心頭浮現輕鬆的感覺，就像卸下了肩上的重擔。跟著直覺走幫助我找到解決辦法，我的世界頓時海闊天空，我可以完全掌控它。我選擇拒絕主題演講的邀請，但我仍然決定繼續努力，朝著公開演講的目標邁進，包括聘請一位演講教練，幫助我撰寫講稿並按照自己的節奏進步。幾個月後，我收到在財富五百大企業和史丹福大學（Stanford University）演講的邀請，直覺為我亮起綠燈，我有信心接受，因為我知道自己將為這些聽眾帶來最好的表現。

行動策略：跟著直覺走

當你面臨重大決定，自古以來的至理名言會告訴你：正確的行動方針是盡可能收集訊息並絞盡腦汁尋找最合理的答案。問題是，**大多數時候並沒有「正確」答案，只有「適合你的」答案**。當你學會順應自己的直覺，你將有意識地輕鬆做出決定，因為你知道自己的選擇反映了真實的自己。

直覺在分析思維欠缺的情況下最有用，但跟隨直覺並不意味著放棄邏輯。你的直覺實際上是一種進階推理，因為你整合了內部和外界各種訊息來源，而不是僅關注傳統社會重視的客觀訊息。下次你必須做出決定時，在一張紙寫下簡單的「是／否」問題（要用手寫，若使用數位設備則功效欠佳）。鎖定某個一直困擾你的大問題，比如是否要回學校進修，或要錄取哪位應聘者擔任新職位，或者如果處理大問題的挑戰性太高，你可以先從較低風險的問題逐步解決，比如去哪裡吃飯或是否參加公司的社交活動。寫問題時盡可能具體，例如，不要問：「承擔更大責任會讓我快樂嗎？」而要這樣問：「接受跨國任務符合我的最大利益嗎？」在問題下方寫上「是／否」，並在旁邊擺一枝筆。幾個小時後，回到紙上，圈出答案。或許這不是你喜歡的答案，但很有可能是你強迫自己做出的誠實回應。

無論你最後決定如何行動，跟著直覺走是了解大多數情況的最佳方式。這一點特別重要，因為高敏感鬥士往往會在決策過程中消耗大量精力，而不是保存精力來執行最後做的決定，但後者也至少需要相等的注意力和思考力。跟著直覺走的另一個重要好處是信念。研究表明，根據直覺做出決定的人更有把握，並認為他們基於直覺的決定更能反映真實自我。這很重要，因為你可能有很多選擇，每個都難以預測，並且各有優點和缺點。**知道自己已根據現有資訊做出最佳選擇，能幫你降低後悔的可能性，並更樂於貫徹自己所選的路，無論它會帶你去往何方。**

如果你習慣向他人尋求指引，一旦決定跟著直覺走，一開始會有些不自在。我的某個客戶是家族企業老闆，過去一直陷入無法做決定的困境中，因為他太在乎別人對他的看法。由於害怕傷害別人的感情或引起內訌，他避免解僱表現不佳的員工，明明改變員工角色和職責就能提高工作效率，他卻寧可選擇忽略。他終於意識到，自己的行為導致長期生產問題，使得產品運輸變慢，利潤也減少，他決定採取行動。他對憑直覺做決定的想法深深著迷，於是安排了「解除壓抑日」，在這二十四小時內，他對自己所說和所做的一切都按照直覺。

結果如何呢？跟著直覺走，讓他有勇氣停止自我壓抑，並開始解決導致績效不彰的員工衝突。整天下來，他發現自己做出了支持長期目標的決定，並為棘手但重要的任務騰出時間，比如花時間在工廠與員工建立更牢固的關係。「這不僅僅是我做了什麼，而是我用什麼方式、多麼迅速地完成這件事，以及我對它的感受。」他後來告訴我。「這種運作方式讓我看穿所有阻礙，以最佳心態來處理我所面臨的一切。」這次實驗非常成功，他將「解除壓抑日」發揮到了新的層次，並用它來解決在各種場合都壓抑自己的習慣，比如與商業夥伴談論他對許多問題的想法。

要學會以這種真確的良知來做決定，不是一朝一夕就能完成的，但隨著時間過去，直覺會變得更加準確。你練習這項技能的次數愈多，愈能學會在日常基礎上保持 STRIVE 特質平衡，不管發生什麼事，你都能靈活運用它。

✦卡關解方

一、**「試駕」你的決定**。第一次開始使用直覺時，你可能不會很快做出決定。與其想太多，不如試試角色扮演。先花個兩到三天，表現得好像你選擇了 A，並觀察自己的想法和感受。接下來兩到三天，嘗試選項 B。在實驗結束時，評估你的反應。

二、**培養開放心態**。善於觀察是高敏感鬥士的優勢，不妨好好利用，讓你的眼界和心胸對新想法、態度和見解保持開放。讓直覺引導你前往不曾考慮過的地方。這週就來探索一個好玩的主題吧，挑選你感興趣的就對了。你還可以聽不同類型的音樂，或收聽專業領域以外的播客節目。

三、**建立緩衝時間**。直覺無法在繁忙、壓力大的環境中充分發揮。要真正聽到來自內心的見解，你必須及時減壓並反思自己的經歷。我偏好以下做法：在每個工作或任務之間至少挪出十五到二十分鐘空檔。這個緩衝時間讓我可以跟自己獨處，也讓神經系統在接受一段時間的刺激後重新調整，這樣我就可以整合並了解接下來要面對的事項。

四、**減少決策疲勞對你的壓榨**。你每天要做出數百個決定，從早餐吃什麼到如何回覆電子郵件，每一個都需要耗費心神和情緒。你可以消除的次要決定愈多，就會為真正重要的決定留下愈多精力。擬定例行程序和習慣性行為有助於節省腦力，效果就和排除某些不重要的決定一樣（例如，制定每週用餐計畫、衣櫥走極簡路線）。

五、回想一下你相信自己的直覺並且成功的經驗。我從未聽過客戶說：「我後悔跟著直覺走。」今天空出幾分鐘，列舉五次你在生活中相信直覺的經驗，以及結果是否對你有利。有沒有發現，你每次都是對的？從現在起多多留意直覺，把它當成可靠的決策工具，讓你的前進之路更加順暢。

落實行動策略：崔維斯

我和崔維斯會面時，他說他的「敏銳感受」已經升到高點很長一段時間了。他每天喝很多杯咖啡、熬夜並縮減了跑步時間，這些都令他緊張不安和煩躁。我們討論起如何讓他的「敏銳感受」恢復平衡，以及如何決定是否辭去工作並全力投入顧問業務。崔維斯承認，他做的所有分析都沒有用，而且深怕自己因為厭倦再去想這件事而做出錯誤的決定。

我們一起擬定了策略。週六早上醒來後，他打開筆記本寫下：我應該全力投入顧問業務嗎？接下來，崔維斯並沒有立刻開始做他的副業專案，而是長時間慢跑，讓自己享受安靜時光。他知道內心的平靜一直都在，這次慢跑給了他重新找回自己的機會。結束後，他和夥伴一起享用早餐，然後才回到擺著筆記本的桌前。他沒有多想便將「不」圈了起來，當下鬆了口氣。他想起在醫院走廊迎接病人時，他們感謝他為維護醫療系統正常運行的辛勤付出。他還記得，在一次大斷電後重新啟動系統時與主管擊掌慶祝，滿足感頓時湧上心頭，因為他可以繼續締造類似經歷，而且不需要再過著壓力爆表、沒空喘息又工作過度的生活。

對於該如何行動，崔維斯總算有了初步認識，接下來他需要釐清如何繼續前進。他用了我們討論過的另一種技巧（你可以在後面「你的內在董事會」練習中嘗試），幫助他在目前的情緒和經濟需求與興趣和職業目標之間取得平衡。他最想進行的是將手邊的案子做完，不再接新生意，重新全力投入醫院工作。但在接下來的兩週，他為顧問業務一一收尾，過程中漸漸明白天下沒有完全正確的答案，因此他決定敞開心胸面對未來的道路。正確的選擇就是目前對他最有效的選擇，抱持這種心態，他意識到顧問生意帶來的額外收入大大加分，使他有能力為自家進行大翻修。另外，他也從副業中不斷學習，或許有一天他真的可以擁有自己的事業，或是在新職位上充分發揮所學，他不想將這些機會完全拒於門外。

崔維斯審視了財務狀況，並考慮讓工作之外的生活更易於掌控，最後他有了結論，只要少接一些外快，他就能繼續從事副業，這涉及我們將在第七章討論的各種界限。他還意識到，從事副業的時間需求超出預期，這意味著他可以提高價格，不會因為案子減半而大幅減少收入。不過，整個過程中最好的部分是，崔維斯再度感受到失去已久的平靜。他有更多時間可以運動，睡眠品質變得更好，工作結束後也能好好放鬆。即使換做他人可能不會做出這樣的決定，他也相信自己的直覺，並制定了周密的計畫，允許自己朝著有利的方向前進。

((有效練習))

你的內在董事會

在腦海中想像一張會議桌，你內心的各個部分圍桌而坐，互不相讓。每個部分代表具有特定觀點、目標、見解和動機的董事會成員。每當你被障礙或不同選擇困住，請諮詢你的內在董事會，在內心找到富有創意的答案。邀請不同成員發言可以展開熱烈對話，你會發現大量由直覺而來的知識和解決方案。你可能會立刻找到一個方向，也可能無法立即獲得解決方案。總之，內在董事會將引導你走向清明的直覺，並幫助你與真實自我的各個層面和諧一致。

做法

一、**確定問題**。在圓圈正中央寫下你正在嘗試解決的挑戰，或目前正努力實現的目標。

二、**為每個董事會成員取名字**。我的客戶通常有兩到四位董事會成員，但你可能有更多。內在董事會常見成員包括：

- **內在批評者**。讓你覺得自己一文不值，不夠格。
- **內在保護者**。謹慎，盡責，注意不安全的情況。
- **內在反叛者**。想要玩得開心，可能會對責任和期望感到不滿。
- **內在提倡者**。腳踏實地，睿智，鼓舞人心。
- **內在成就者**。喜歡把事情做好，但可能傾向於過度工作和優等生迷思。

三、**了解每個董事會成員的目標和態度**。請注意哪些聲音被壓抑、被忽視或比你想要的更安靜。你可能會發現它們透過相似的感覺和掙扎連結起來。使用以下問題採訪每位董事會成員：

- 你的職責為何？你具備什麼功能？
- 你認為我應該如何解決這個問題？
- 如果我採用你的方法，你希望結果會如何？如果我不這樣做，你擔心會發生什麼事？
- 是否有不只一種方法可以實現你的目標？
- 你認為我下一步最好的做法是什麼？

你的內在董事會

（崔維斯）

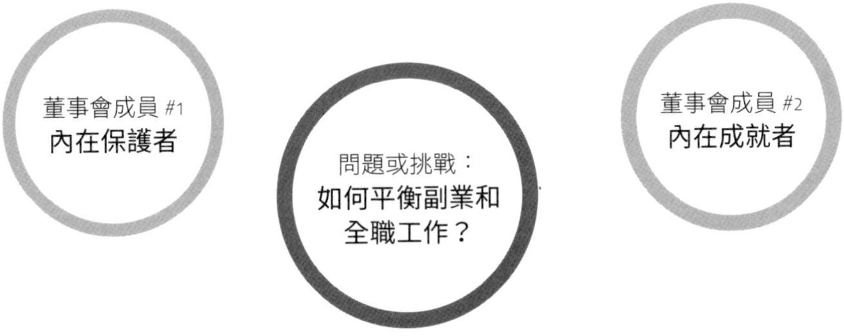

採訪：內在保護者

• **你的職責為何？你具備什麼功能？**我的工作就是照顧你。我渴望確定性、安全性和穩定性。

• **你認為我應該如何解決這個問題？**當你有一份全職工作，從事副業是有風險的，不值得。再說，你的生活步調全亂了。

• **如果我採用你的方法，你希望結果會如何？如果我不這樣做，你擔心會發生什麼事？**我希望你能放棄副業，這樣就可以專心在醫院發展職業生涯。如果你不這樣做，我擔心你會因為努力達到平衡而精疲力盡。

• **是否有不只一種方法可以實現你的目標？**你可以將你接下的案件限制在合理範圍內，例如每季一到三個。

• **你認為我下一步最好的做法是什麼？**決定下班後你願意花多少時間進行副業，以及你能接多少案子。

採訪：內在成就者

• **你的職責為何？你具備什麼功能？**我在這裡是為了確保你努力工作並推動自己。

• **你認為我應該如何解決這個問題？**去年你看到的副業業績增長令人興奮。不要放棄，打鐵趁熱，讓它發揮功效。

• **如果我採用你的方法，你希望結果會如何？如果我不這樣做，你擔心會發生什麼事？**我希望你竭盡所能把握住接案的機會，並透過不同的新案子不斷挑戰自己。我不希望你錯過更輝煌的成功。

• **是否有不只一種方法可以實現你的目標？**你可以提高價格，因為你有足夠的客源，此外，接案時要更謹慎挑選，確保它們既划算又具有挑戰性和樂趣。

• **你認為我下一步最好的做法是什麼？**調整你公布在網站上的價格。

你的內在董事會

(　　　　　　　　)

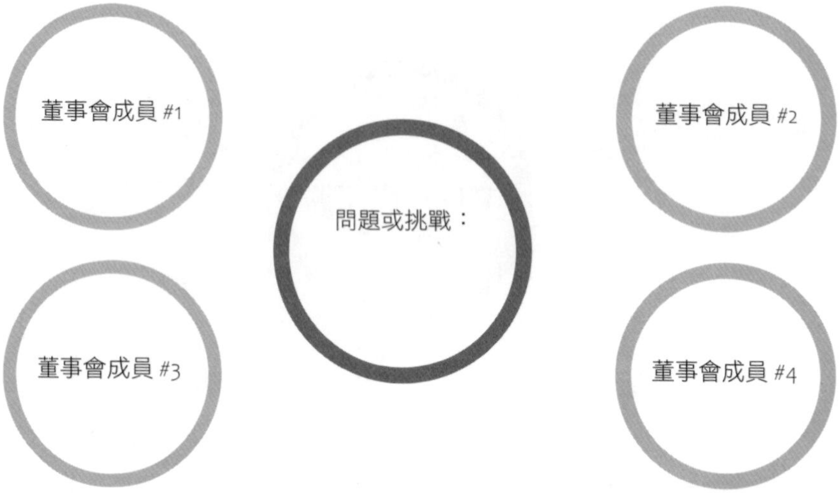

對各董事會成員提問：

- 你的職責為何？你具備什麼功能？
- 你認為我應該如何解決這個問題？
- 如果我採用你的方法，你希望結果會如何？如果我不這樣做，你擔心會發生什麼事？
- 是否有不只一種方法可以實現你的目標？
- 你認為我下一步最好的做法是什麼？

你的內在董事會

(　　　　　　　　　　)

對各董事會成員提問：

- 你的職責為何？你具備什麼功能？
- 你認為我應該如何解決這個問題？
- 如果我採用你的方法，你希望結果會如何？如果我不這樣做，你擔心會發生什麼事？
- 是否有不只一種方法可以實現你的目標？
- 你認為我下一步最好的做法是什麼？

07

拿出氣勢建立界限

不要讓別人的行為破壞你內心的平靜。

——達賴喇嘛

潔西卡事必躬親的工作習慣，幫助公司開創了數十億美元的生意。二十五年來她領導、策畫、工作到深夜，並在必要時為所有人代勞。她在上市零售公司擔任營運長已邁入第五年，整個人完全投入到工作中。她在辦公室裡忙進忙出，彷彿解決每一個問題是她的職責，即使問題不大，不需要她這種高階主管親自出馬，甚至可能害她差點趕不上飛機，她依然使命必達。即便已答應孩子出席，她仍習慣性地忽略學校的活動，甚至曾經因為外地店鋪的開幕活動出了狀況，而取消與丈夫結婚紀念日的約會。潔西卡對自己的成就感到自豪，但她心裡總有一股揮之不去的憤恨，她已經開始接受這是「內在驅力」和「富責任感」的必然結果。在大多數日子裡，丈夫會在餐桌前跟她一起工作到很晚，接著獨自上床睡覺，她則比丈夫還要晚好幾個小時才休息。她覺得自己是不稱職的母親、妻子和高階主管而長年感到疲憊和內疚，但她還是繼續前進，不理會日益增長的不安，並希望問題總有一天會自行解決。

我們開始著手解決問題時，潔西卡告訴我，她希望把全副心力用在制定公司的海外擴張計畫。事實上，她非這麼做不可，執行長已經指派她在六個月內開拓五個新點，儘管他知道她已每週工作高達五十小時，而且實體零售店面的壽命無法預測。潔西卡抱怨，她挪不出時間來制定有助於公司盈利的策略。我問她平常如何分配時間，她說公司一年前開始擴張，從那時起，她每天至少有一半時間花在處理新店開幕的物流事宜，她的職責應該是監督，而不是親自上陣。

潔西卡自從成為公司的旗艦店員工，便把握住每次超越自我的機會，每年的黑色星期五購物節和聖誕節都照常上班，並參加由公司出資的領導力培訓。她在十年間從助理晉升為經理、區經理，最後到總公司高階主管。又過了幾年，潔西卡升任副總裁，但她難以放棄舊職責，因為她覺得為忙得不可開交的團隊提供支援，是她身為高層的重要責任。儘管公司迅速擴充是他們成功的標誌，但她仍然對辦公室緊湊的步調感到內疚。經過十多年，潔西卡終於明白，擬定策略才是她的首要任務。「我應該善加運用授權才對。」她告訴我。「但我又想確保他們有能力做好分內工作，而且每件事都做對。」潔西卡知道，如果沒有她從旁監督，員工無法學會獨立完成工作，因此她不能放手。她的行為容許他們失職並半途而廢，因為他們知道潔西卡會主動跳進來解決問題。

曾經促使潔西卡平步青雲的 STRIVE 特質，如今失去了平衡，很可能破壞她多年努力的成果，這是許多高敏感鬥士都會面臨的課題。每當有人突然出現在辦公室並對她說：欸，妳有沒有空？她便會拋下早已爆滿的待辦事項清單，努力硬撐，應付即將到來的任何危機。即使她週末休假或偶爾放個小假喘口氣，卻仍發現自己忍不住一直去想辦公室的情況。現在她的婚姻也受到影響，丈夫覺得備受冷落，提議兩人分居。潔西卡原本熱愛那種「大家不能沒有我」的感覺，現在她卻為此沮喪又疲倦，婚姻也快毀了，一股忿恨油然而生。顯然潔西卡的「富責任感」和「內在驅力」特質過度發揮。只有一種方法可以幫助她、家人和團隊，那就是她必須落實嚴格的界限。

接受對你有用的幫助

界限透過定義你的欲望、需求和偏好，拉開你與另一個存在的距離，就像圍欄一樣，你被什麼影響、允許或拒絕什麼進入，以及當別人越界時你如何回應，全都是受它控制。不幸的是，高敏感鬥士無法自然而然地打造界限，因為你傾向於被他人的反應和問題所影響，或者優先處理他人的需求和願望。當你這樣做時，就會耗盡心力。高敏感鬥士有時也會錯誤地將界限視為壞事，因為怕突然被拋棄、傷害他人感情，或是被人當做自私鬼。許多高敏感鬥士也覺得，設定界限與自身忠誠善良的形象相衝突。

但你需要知道，有益的限制可以讓你自由地以富有成效的方式與他人互動，回應對你的時間和精力的需求，並專注於做你喜歡的工作。界限的存在，是為了幫助你對不想理會或沒有益處的情況、他人與目標說「不」，以便你對那些想要理會或有用的說「是」。

擁有健康的界限意味著你：

- **不為小事操心**。從容應付小煩惱，原諒自己的失誤。
- **對自己負責**。接受你可以選擇如何回應，沒有人可以強迫你做或感受什麼，包括老闆、大人物、同事或朋友都不能。
- **保持個人追求卓越的標準**。不要因壓力、比較或想要取悅他人而屈服。
- **給別人成功的空間**。即使你有時需要尋求或提供幫助，也不要直接替團隊解決問題，應從旁指導他們提升自己的能力。
- **誠實面對自己**。表達你對溝通與工作方式的偏好，以及你在職業生涯中想做或不想做什麼。
- **堅持原則**。如果有人越界，可能是擅自離開會議、移動你的辦公桌或以其他方式重申你的界限，卻不覺得尷尬，也沒有道歉。
- **信守對自己的承諾**。對自己的目標負責，不管是大目標或小目標都不例外。

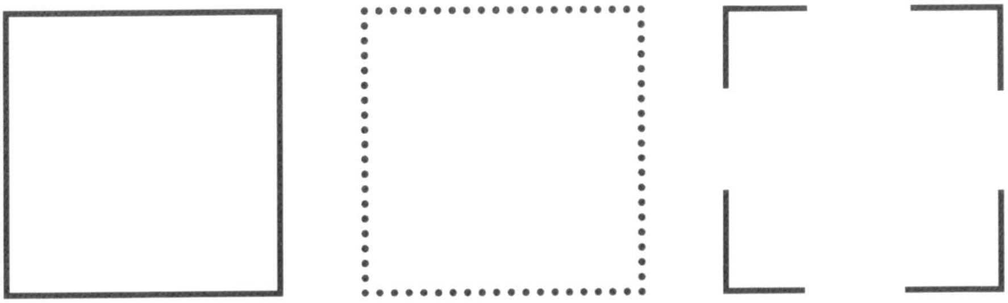

RIGID
僵硬的界限

僵硬的界限缺乏彈性，如一堵磚牆。外頭的東西都進不來，裡頭的也同樣都出不去。

跡象：冷漠，避免尋求協助，覺得自己被誤解，對資訊過度保護，和他人保持距離

職場上的可能情況：專案管理上抓得太緊，聽不進任何回饋意見

在家裡的可能情況：只要對你有些許不便就會拒絕團體計畫

HEALTHY
健康的界限

健康的界限提供適當程度的保護與流動。它們能保持讓好的東西進來並將壞的排出。

跡象：自我尊重，清楚自己該負責的範疇，對於投入的場合或人際關係有所選擇

職場上的可能情況：設定「辦公時間」，讓自己在專注工作時不致被打擾

在家裡的可能情況：樹立「晚餐時不看手機」原則並確實執行

POROUS
漏洞百出的界限

漏洞百出的界限太好穿越，無法提供足夠的保護，就好像開了大洞的柵欄，什麼都進得來。

跡象：太常說「是」，過度分享資訊，過度參與到他人的問題中，感覺自己利用

職場上的可能情況：在自己沒有餘裕時仍無法拒絕職責外的任務

在家裡的可能情況：鄰居又吵又鬧，你卻悶聲不吭

更重要的是，透過學會平復心情（第四章）、說出消極自我對話並打掉重練（第五章）以及相信你的直覺（第六章）等技巧，界限會保護你已經養成的積極習慣。

按自己的規則玩

換句話說，界限是你所遵循的規則或原則，幫助你在個人和職業兩方面成為最好的自己。你甚至可能早已下意識地制定了一些生活和工作的指導方針，但是下意識地遵守規則與刻意打造和試驗界限，兩者有著天壤之別。作家葛瑞琴・魯賓（Gretchen Rubin）在撰寫《過得還不錯的一年：我的快樂生活提案》（*The Happiness Project*）一書時，發現她為了創造更多快樂，所做的最具挑戰性、最有幫助和最有趣的任務之一，便是確立生活的首要原則。第一個確立的是終極界限：「忠於葛瑞琴。」首先是因為魯賓總是覺得很難做自己。「我希望自己成為某一種人。」她寫道，「這讓我無法理解真正的自我。」有時她會假裝喜歡她其實不喜歡的活動和事物（葡萄酒、購物、烹飪），而忽略真正的興趣和偏好。對魯賓來說，「忠於葛瑞琴」意味著接受自己真正的好惡、性情和偏愛，不僅針對個人生活，也包括職業生涯。畢竟，她的「忠於葛瑞琴」靈感源自某次與大法官珊卓拉・戴・歐康納（Sandra Day O'Connor）的談話，當這位最高法院大法官提到「值得從事的工作」，兩人便談起這類工作中蘊含的幸福祕訣。對魯賓來說，這意味著從安穩的法律工作轉向風險更高的作家生活。當她完成轉職並按照自己的規則生活後，這些事情都變簡單了：

- 寄一封友善的電子郵件給留下負面書評的人（評論者後來回信，讚賞她應對從容，並提到他也在努力做到同樣的事）。
- 做研究時寫下長達數頁的筆記並樂在其中，那怕會拖慢速度也不感到沮喪。
- 開始撰寫部落格，一週六天，每天寫一篇文章，而不是在多個業務計畫中忙得不可開交。

魯賓的「忠於葛瑞琴」宣言令我的某位客戶深受啟發，以致在重要的生日那一天，她在手臂紋上「忠於（她的名字）」的紋身，提醒自己要忠於自己。從那時起，該客戶就大膽地要求她感興趣的特殊任務（並如願獲得！），甚至在履歷寫下更適合自身長處的介紹（因而獲得了六位數美元的薪水）。忠於自己也讓她變得更真誠，使得她和團隊之間建立了更信任的關係，並容許團隊成員也做自己。這位客戶不再覺得她必須花費寶貴精力來隱藏個性中古怪的部分。她可以轉而朝向完全擁有領導力和個人風格來努力，第一步就是在指導團隊時融入俏皮和幽默，方法是將頭髮染成鮮豔的顏色，為「看起來夠專業」重新下定義。

行動策略：遵循四種情緒測試

客戶嘗試設定界限時，常問我該從哪裡開始才好，我告訴他們，就像大多數事情一樣，要從內部開始，運用你在情緒反應中找到的資料。記不記得我們在第四章中談到的？**一旦你處於平靜狀態，就能注意到情緒試圖傳遞的訊息。**沒錯，這個練習正好派上用場。我打造了簡單的內在評估，對客戶很有幫助：如果你有緊張、憤恨、挫敗或不安等任何一種情緒，表明你需要界限。當你處理掉會出現這四種感受的情況，你就能為自己創造時間和空間，以獲取更多想要的，減少不想要的。

緊張

表現或感受：壓力或緊繃導致持續緊張、恐懼或精神渙散。

傳達的信號：你認為事情的成敗取決於你的表現，你覺得自己該對某種情況負責。

優點：在壓力下還能正常表現是一種優秀的領導能力，因為它可以激發你的注意力或專注於一項任務。

缺點：未解決的緊張可能意味著你從不允許自己平靜、休息或充電，因為你覺得你必須一直前進以達到下一個基準（由他人設定或強加於自身）。

想一想：什麼情況讓我感到憂慮？身體透過什麼方式試圖向我展示哪個部分已超出負荷？

憤恨

表現或感受：每次想到某種情況或與他人的互動經驗時，都會感到長期、持續的痛苦、憤慨或嫉妒。感覺不被賞識或不被認可。

傳達的信號：憤恨是無聲的憤怒。這是一種信號，表明你生活中的重要規則、標準或期望已被他人違犯（甚至可能被你忽視）。

優點：憤恨是種選擇，意味著你其實可以放下舊傷，採取措施並為自己挺身而出，糾正失衡。

缺點：憤恨讓人幾乎不可能發揮同理心或客觀處理情況。它使人陷入自憐，而不是把心力用在解決問題。

想一想：我認為自己在哪些方面受到不公平對待？我該如何勇敢地澄清和表達我的期望？如果有的話，我需要努力放下什麼？

挫敗

表現或感受：由於無法改變或實現某事而對他人或自己感到沮喪、惱怒或不滿。感覺陷入困境或無法順利追求目標。

傳達的信號：你目前的方法不再有效，所以是時候調整一番。或者你又在做同樣的事情並期待不同的結果。

優點：它告訴你，你正在追求對你有意義的事情，但大腦相信你可以用更好的方法實現目標。

缺點：挫敗會導致你放棄並屈就於更簡單但不是你真正想要的目標。

想一想：我能控制什麼？我該如何靈活運用方法？我今天可以改變哪些細微想法或行為，進而開始產生影響？

不安

表現或感受：一種揮之不去或輕度的焦慮、不耐煩、內疚，甚至尷尬的感覺。通常伴隨著感到事情「不對勁」的直覺。

傳達的信號：當你感到不安，這是一種信號，告訴你需要澄清你想要什麼，然後朝著這個方向採取行動。

優點：輕微、間歇性的不安可能表明你正在推動和挑戰自己嘗試新事物和實驗，或者可以做為催化劑來改變你不滿意的情況。

缺點：過度不安不會帶來成長，把自己逼到極限的下場就是精疲力竭。

想一想：我在哪個方面強迫自己做不願意做的事情？什麼情況會消耗我的精力或讓我感到不安？

每一個導致四種情緒出現的情況都應該設定界限嗎？不需要，但要找出相同模式和重複出現的情景，這將為你指明創造新規則和做出改變的機會，以便你保護內心世界。以情緒當做過濾條件來處理界限，對你來說是全新觀念，以下舉出四種情緒如何出現的常見例子。這些情境是起點，讓你思考高敏感鬥士最難以設定界限的領域，包括工作、私生活、健康以及與自己的關係。勾選適用於你的情境，後續的練習會幫助你將理解轉化為行動，並幫助你找到其他例子來說明四種情緒的出現。

工作

○你希望自己的貢獻得到認可

○你的工作時間超出你能接受的範圍

○你覺得只要有人寄來電子郵件，你就必須立即回覆

○某位同事背地裡搞小動作害你，或是爬到你頭上為所欲為

○你被捲入辦公室紛爭或八卦當中

○儘管表現出色，但你的新工作計畫被忽視了

○你被要求接下的任務超出你的能力範圍

私生活

○在你已提前預告需處理工作的時間裡，家人仍持續來打擾
○你承擔的家務和責任過多
○你在週末的私人時間回覆電子郵件或接聽電話
○伴侶公開分享你的私生活細節，令你感到難堪，或洩露公司機密
○親戚給你壓力，要求你達到某些人生里程碑（生孩子、買房等）
○朋友依靠你解決問題或給予即時幫助，卻沒有以相同的同理心或幫助做為回報
○周圍的人都喜歡批評或嘲笑令你快樂的那些事物

健康

○你家裡有違反飲食目標的食物
○你想要每週達到一定的運動量
○即使累了也不讓自己休息
○你想要限制咖啡因和酒精的攝取量

○你上床睡覺的時間比想要的更晚，早上覺得很累
○你想要設定外出時的飲食方式
○你不希望你的身體或體重成為話題
○你想要抽空進行冥想之類的自我照顧，以恢復元氣

與自己的關係

○你每次無聊時都會查看社群媒體
○你對自己收看或閱讀的內容（電視、新聞等）感到不舒服
○你想要按照預算，只買購物清單條列的東西
○你經常犧牲嗜好和熱愛的事物
○你想要更多獨處時間
○你不想要連自己心情低落時都還得裝出開心的樣子
○你希望自己能更加不受他人話語影響

✦卡關解方

一、**調整自己的步調**。設定新界限時，放慢步調很重要，以感覺可行且易於操作的改變為目標。就像本書所有內容一樣，目標應該是穩定、漸進式的進步。如此一來，你就可以遵守並貫徹自己的原則，贏得對自己的信任，成為尊重自身需求和願望的人。

二、**確認誰需要了解你的新界限**。通常包括最親近和經常接觸的人——比如團隊、主管、客戶、家人或好友。舉例說明，在與配偶討論如何安排每天的行程之前，你可能必須事先告知對方，你下班後需要安靜時間紓壓。或者，你可能需要讓某位同事知道，你無法再幫助對方完成任務。

三、**做好遭受反抗的心理準備**。人們不喜歡改變，所以當你破壞現狀時，其他人可能不喜歡，因而試圖羞辱你或說服你改變或放鬆。不要讓他們左右你，固守你認為最適合自己的方式，並始終堅持你的主張（詳細內容參見第十二章）。

四、**保護自己**。把你的界限想像成一個氣泡，保護你免受他人的負面反應。「女士賺大錢」（Ladies Get Paid）創始人（也是同名書作者）克萊爾・沃瑟曼（Claire Wasserman）曾與我分享，當她面臨艱難的談判或壓力大的談話，需要設定界限，她會事先想像用金色盔甲包裹全身。還有一個很棒的方法，想像你拉上拉鍊，把能量鎖在裡面。將手放在腹部下方，然後沿著假想的線直伸到頭頂，就像你在拉上外套的拉鍊一樣。

五、為內疚感做好準備。起初，你可能會因為表達自身需求而感到抱歉。沒有這個必要（我們馬上就會談到該說什麼而不是抱歉）。練習你在第五章學到的打掉重練並提醒自己：設定界限是OK的。我感到內疚並不意味著我做錯了什麼。

落實行動策略：潔西卡

在下一次諮商中，我帶著潔西卡坐下來並進行四種情緒測試。她的憤恨最明顯，源於感覺被利用和不受尊重。潔西卡注意到自己經常說這種話：「執行長根本不把我當人看」，或者，「我的團隊讓我覺得自己很容易就被說服。」事實上，沒有人對潔西卡強加任何感覺。其他人可能影響了她的感受，但她是唯一掌控自己情緒的人。她沒有浪費精力抱怨執行長和團隊，而是決定接受這股憤恨，並以健康和富有成效的方式處理。具體來說，她發現自己不願再忽視家庭義務。潔西卡關閉了行事曆的提醒功能，將週一和週三的下午四點以後列為私人時間，這樣她就可以按時下班，接孩子，或者參加他們的比賽和其他課後活動。她也努力與丈夫共度更多時間，並指定週四為約會之夜。

起初，執行長和她的團隊覺得這些新界限難以接受，潔西卡收到幾封電子郵件，發信人憤怒地質問她為什麼沒有立即回覆問題和疑慮。她當下的直覺反應是應該重新投入工作，尤其是她為自己可工作的時間減少而內疚。但她提醒自己，她正在為家人和高階主管職責騰出空間，這對於下階段工作的成功至關重要。幾週後，部屬與同事都適應了她的新日程安排，團隊在沒有她的情況下依舊上緊發條，完成了工作。她不得不承認，退一步對每個人都有好處，不僅因為同事有能力勝任工作，也因為她正在消除自己無意間打造的過度工作文化。現在，她的界限影響了其他人，團隊顯然更有效率，也比以前更快樂，因為他們不需要隨時待命。

確認並執行界限無法一步到位，但為了避免疲於奔命，我們一次只進行一種，從潔西卡最緊張、憤恨、挫敗和不安的界限開始。潔西卡對自己承諾要多多陪伴家人，她兌現這項承諾後，意識到如果沒有規律而充足的睡眠，她的狀態永遠不可能最好，因此她立下另一個承諾，本週要在晚上十點開始準備就寢，並在十一點關燈。雖然一開始她很擔心會耽誤工作時間，但好好休息實際上讓她更有效率，反而有了更多時間制定公司的發展方向。潔西卡感到一股巨大的力量由然而生，因為她打造了強大的界限庫，各界限互相支援，彼此增強，所以她可以在需要時繼續做出改變。例如，在她更改日程安排後，她還擬定了我稱之為「問過三位再問我」的策略，她教團隊有事先諮詢其他三個對象（同事、專家、網路），然後再來問她。雖然行動是外在的，但它代表了潔西卡重視時間和精力的內在轉變。

你可能沒有潔西卡的資歷和重新安排日程的能力，這也無妨。無論你處於職業生涯的哪個階段，仍然可以在沒有權力或地位的情況下左右局面。例如，找老闆談談，請他考慮讓你優先處理你手邊的工作。你可以事先演練一下怎麼開口，比如：我有一個大案子的截止日期快到了，我正全力趕工，需要幫忙的話請找安琪拉。或者這麼說：等我打完這份報告再來處理那件事。這樣當其他人要求你承擔更多工作時，你就知道該如何應付。積極主動地建立適合你的時程表，而不是等待其他人來安排。我星期二上午十點到中午十二點之間可以提供協助，練習說這樣的句子和後面「說出心聲，做出行動」提供的句型，會讓你設定界限時更自然，可以減輕對於破壞人際關係的恐懼。永遠不要忘記，你的心態、態度、感受、習慣和決定始終掌握在自己手中。

✦說出心聲，做出行動

除非他人清楚知道，否則你的界限毫無用處。使用以下提示做為開場白，以強有力但圓滑（而且不帶歉意）的方式表明你的界限。

- 我不想＿＿＿＿＿。
- 我已決定要改為＿＿＿＿＿。
- 為了確保我（盡我所能，能夠為你效勞），我＿＿＿＿＿。
- 我不能＿＿＿＿＿，但我能做的是＿＿＿＿＿。
- 因為＿＿＿＿＿對我來說很重要，為此我＿＿＿＿＿。
- 現在我必須拒絕＿＿＿＿＿，這樣我才能夠去＿＿＿＿＿。
- 我需要的是＿＿＿＿＿。

・我想提出一個要求：______。

・感謝你想到我，但我必須拒絕______才能專注於我對______的承諾。

・我很想______，但現在不可能。我可以提議其他能提供協助的人選嗎？

・謝謝你想到我，但我對______不感興趣。

・我覺得受寵若驚，但我實在無法______。

・______對我沒用處。

・我對於______方面有困難。

・是的，我介意______。

・我寧可不要______。

・我知道我們談過______，但是當我承諾時，我（沒有料到／不知道）______。因此，我必須（拒絕／取消／延遲），感謝你的體諒。

・以我現在掌握的訊息，我想重新考慮一下______。

((有效練習))

界限劇本

你可能已經注意到自己展現於世的樣貌有所不同，現在正適合運用你這段時間對自己的了解來創造和傳達成長所需的條件。首先要定義你的界限。

做法

一、**找一個生活中的主要領域**。回顧行動策略中的清單，或找出生活中困擾你的另一方面。你可能會挑選工作、私生活、健康和／或與自己的關係中的某個問題，但優先選擇也可能與財務或社交生活等特定事項有關。或者你可能希望在某個領域建立多個新界限。

二、**確定需要在何處設置或重新建立界限**。讓四種情緒測試指引你，圈出你目前的情緒並完成填空。想想情緒出現的情況和環境。

三、**確定你要與誰談判或設定界限**。請記住，界限會在你和另一個存在之間創造空間。有時它是你和同事或家人之間的空間。其他時候，你可能會在直覺、最平衡的自我和自毀的自我之間設定界限。這兩種情況都可能涉及內部和外部的轉變。

- **如果你和別人設定界限。對外，你必須傳達變化。對內，你可以減少與對方相處的時間。**
- **如果你和自己設定界限。對外，你可以更改安排日程的方式。對內，你可以設定確認或提醒功能，鼓勵你堅守對自己的承諾。**

四、**釐清你將如何支持、尊重或維護界限**。這是重要的一步，因為過去你可能多次嘗試設定界限，但很快就屈服於內疚，因為這樣更容易也更熟悉。那些日子都已過去，現在你要對自己明確地承諾，說明你將如何堅持到底。

界限劇本

（潔西卡）

工作	家庭
我感到緊張／憤恨／挫敗／不安，因為工作使我錯過和孩子們在一起的時間，也錯過他們的運動比賽。	我感到緊張／憤恨／挫敗／不安，因為丈夫要求分居。
需要設定的界限是週一和週三下午四點下班。	需要設定的界限是承諾每週四晚上約會，以修補我們的關係。
我要守住這個界限，方法是暫時取消行事曆提醒功能，並表明在這些時段不克參加會議。	我要守住這個界限，方法是僱用保姆，並且提前挑選我們可以一起參加的活動和事項。
健康	**自我**
我感到緊張／憤恨／挫敗／不安，因為我一直承受着成功的壓力，需要休息時無法休息，我總是很累。	我感到緊張／憤恨／挫敗／不安，因為要同時身兼好妻子、好母親、好主管三種身分，我覺得內疚。
需要設定的界限是我必須訂下休息時段，對我來說，這意味着不要每天晚上工作到午夜。	需要設定的界限是原諒自己因為錯過和孩子們在一起的時間而感到內疚。
我要守住這個界限，方法是晚上十點開始準備就寢，這樣我就有時間放鬆下來，然後在平日晚上十一點關燈。	我要守住這個界限，方法是提醒自己我已經盡力。

界限劇本

(　　　　　　　)

工作	家庭
我感到緊張／憤恨／挫敗／不安，因為 ________________。	我感到緊張／憤恨／挫敗／不安，因為 ________________。
需要設定的界限是 ____________ ________________。	需要設定的界限是 ____________ ________________。
我要守住這個界限，方法是 ______ ________________________ ______________________。	我要守住這個界限，方法是______ ________________________ ______________________。
健康	**自我**
我感到緊張／憤恨／挫敗／不安，因為 ________________。	我感到緊張／憤恨／挫敗／不安，因為 ________________。
需要設定的界限是 ____________ ________________。	需要設定的界限是 ____________ ________________。
我要守住這個界限，方法是 ______ ________________________ ______________________。	我要守住這個界限，方法是 ______ ________________________ ______________________。

PART 3

ACHIEVE SELF-CONFIDENCE

充分打造自信

08 展現完整自我

向內探索，這才是真正的要務。解決方案不在外界，去了解真正的自己吧，因為當你尋找內心的英雄時，你也必然會成為英雄。

——艾瑪．蒂本斯（Emma Tiebens）*

你在第四章見過的用戶界面資深設計師凱瑟琳，在她領導的網站發布成功後，她終於有了思考未來的勇氣。在發布截止期限的最後幾天，她一直努力保持專注並控制自己的「豐富情感」。客戶對結果非常滿意，與公司續簽合約，並表明他們喜歡凱瑟琳主導專案，這項計畫得以實現，都要歸功於她的熱情和專業精神。這個案子恰巧在年底結束，凱瑟琳高高興興地迎接假期。她在一年中的最後一週，也就是公司放假期間，仔細思考她在接下來十二個月到底想要什麼。

她思索自己去年最喜歡工作的哪些部分，發現她最愛的都來自管理職務。承擔更多責任並獲得更多知名度，讓她覺得很滿足。但她也意識到，管理更多員工意味著她必須積極培養領導能力，這是她在與馬克發生衝突之前一直低估的任務。她尤其記得當時不得不與貝絲會面，內心多麼恐懼和尷尬。她決定，與其忽視這些感受，不如採取行動來增強信心。在休假期間，凱瑟琳致力於閱讀及觀看各種管理技巧的書籍和教學影片，並加入及研究新任主管的線上課程。她知道貝絲希望她處理與馬克之間的問題，而且她經常想起貝絲的經驗談：要成為偉大

*艾瑪．蒂本斯，美國作家，並在蒂本斯國際公司（Tiebens International）擔任主講。

的領導者，不僅僅是提升工作品質那麼簡單；而是要讓團隊每個人都朝著同一個方向前進。她閱讀的書籍或觀看的線上課程中，沒有任何內容提及如何做到這一點，她很想找到答案。

懷著這些雄心壯志，凱瑟琳重返工作崗位。新年新氣象，公司召開全面發展會議，以審查第四季的收益，最重要的是討論新年度發展方向。執行長首先上場致詞，她表示這將是公司關鍵的一年，為了實現利潤翻倍的願景，需要將員工人數從一百人增加到至少兩百人。高層正在尋找已準備好發展團隊的高績效人才，凱瑟琳對公司的發展計畫與她自己的計畫不謀而合感到很興奮。執行長話鋒一轉，談到明確定義組織文化的重要性。身為一家成長飛速的新公司，他們沒有花時間去做這件事，但現在他們需要在市場上脫穎而出，並按照一定的標準經營公司。螢幕上出現一張公司新價值觀清單，當中包括大膽、合作和服務。

凱瑟琳和我在公司發展會議約一週後進行諮商。公司新價值觀讓她開始思考個人該如何融入組織，以及她身為高敏感鬥士所代表的立場。凱瑟琳首先與我分享她的假期，接著談到：「當執行長開始談論公司價值觀，我意識到，除非我能夠闡明自己身為個人和主管的價值觀，否則無法真正領導團隊。」凱瑟琳總能細膩地舉一反三，她意識到以新的眼光看待職場已經改變她看待自己的方式。「執行長無比確信地站在公司門口宣揚新公司價值觀，我希望也能以滿滿的自信傳達自己的所有理念，但這意味著我必須接受真實的自我，以及對我來說重要的事情，即使一開始很彆扭。」凱瑟琳意識到，她希望團隊朝著更大的目標努力，而且要同心協力。如何規劃自己的路線、激勵他人並忠於自己？她目前缺少的正是定義核心價值觀。

做真實的自己，像在家裡一樣

雖然 STRIVE 特質存在於基因之中（生理上成為高敏感鬥士的因子），但你的核心價值觀才是你的存在與信念之道，能幫你駕馭這六大特質，使你更平衡（本章的有效練習將幫助你達成這個目標）。想想諸如「你的為什麼」之類的核心價值觀，它們影響了你的生活各層面，幫助你展現完整自我，設定並實現對個人有意義的目標，最重要的是，它們推動了你生活的方向。

對於高敏感鬥士來說，核心價值觀尤其重要，因為它們構成了你以正向角度關注「高度警覺」和「豐富情感」所需的基礎，也能幫助你從過度關注他人的看法轉為注意自己的內在並追求適合自己的事物。若是沒有明確定義的核心價值觀，很容易迷失方向、感到困惑，也看不到目的地。這正是許多客戶最初來找我合作時的感受。但是，定義你的核心價值觀可以恢復個人導航系統並增強自信心。這個過程是重設內在指南針的關鍵部分，這樣你就可以朝著對你來說最有成就感的成功邁進。

定義核心價值觀一開始可能會讓人覺得很抽象，但明確定義什麼對你來說最重要，是釐清你想從生活中得到什麼的基礎。原因如下：

- **核心價值觀減少情緒反應**。假設你在工作了一整天卻諸事不順，因而感到焦躁不安。此時列出核心價值觀可以在兩個重要方面提供幫助。首先，核心價值觀可以幫助你查明挫敗感的根源並理解（而不是抗拒或覺得羞恥）你高漲的「豐富情感」。例如，也許你重視「誠實」，而造成緊張的原因是你沒有在重要問題上分享真實感受。運用你的價值觀，你就能回歸當下找出內心哪裡覺得不對勁，並得以看清眼前的處境。
- **核心價值觀就像過濾器，可以避免想太多**。價值觀為你提供心理捷徑，使你更快做出直觀的決定。延續上面的例子，如果你重視「健康」，也許你下班後會練練舉重來清理思緒，或者你會回家和孩子一起做飯來紓壓。如果你重視「正面意義」，可以從艱難的日子中尋找可供學習的地方。與你的價值觀保持接觸，有助於化解導致心理迴圈的內在緊張。
- **核心價值觀助你真實展現自我**。擁抱你的核心價值觀是一種自我接納的實踐，它需要你自在地完全展現在別人眼前。雖然這有點嚇人，但也意味著你不必把部分自我藏在家裡，或者偽裝成別的樣子，這就是解放。當你能把完整的自我帶入每個情境，你就再也不會害怕失敗與被人拒絕。

- **核心價值觀為成功提供指標**。核心價值觀雖然是無形的，但為你提供了超越榮譽、成就或任何其他轉瞬即逝的外部衡量標準所定義的成功指標。他人的意見與不贊成變得不那麼重要，因為你正在以真實的自我追求意義和成就。以完整自我行事正是你需要的，它使你更有主控權，即使受到社會的成功和幸福主流觀點轟炸時也一樣。
- **核心價值觀帶來穩定**。核心價值觀是你始終可以倚靠的職業認同與自我認同的一部分。五年或十年後，你可能已不在相同的職位上，甚至可能不會待在同一家公司，但你走到哪都會帶著自己。即使你開始以不同的方式工作，你仍然是你。每當你質疑自己或發現置身在十字路口時，你可以捫心自問：該怎麼做才能讓你更接近價值觀。

當你覺得在家中和工作中的自己並無二致，內心就會感到平靜。出於這個原因，你的個人價值觀和職業價值觀一致是最理想的選擇。許多公司都有自己一整套核心價值觀，社會工作、醫藥和法律等許多專業領域也是如此。你的個人核心價值觀與公司和職業的核心價值觀愈接近愈好，我們將在第十章中詳細討論這一點。然而，並不是每次都能這麼順利。即使個人價值觀與公司價值觀不同，也要確保它們至少是兼容的。如果個人價值觀與公司價值觀完全相反，那麼就會導致不滿。

清楚自己的立場

詹姆斯．克利爾（James Clear）是暢銷書《原子習慣》（*Atomic Habits*）的作者，多年來研究藝術和科學的傑出表現。幾年前，他建立起一套慣例流程，記錄他為工作設定更高標準所採取的做法，秉持誠心執行，並建立專門服務其受眾的事業體。克利爾透過觀察發現：核心價值觀很容易談論，但在日常生活中很難實現。連續三年，他撰寫「真誠報告」，迫使他重新審視自己的核心價值觀，思考自己是否一直以真誠的方式生活。「基本上，我的誠信報告幫助我回答這個問題：『我的生活真的像我所聲稱的那樣嗎？』」

在年度真誠報告中，克利爾會回答三個問題：

一、驅動我生活的核心價值觀是什麼？
二、我現在如何真誠地生活和工作？
三、未來如何樹立更高的標準，並以更加真誠的心態執行？

克利爾沒有將核心價值觀視為終極目標，而是當做工具箱中另一個相信自己的工具，就像跟著直覺走一樣。「（我不會）忽略決策過程的其他方面，只是將核心價值觀融入其中。例如，如果我正在解決生意上的一個問題，我不會直接問『這會賺錢嗎？』而是問『這符合我的價值觀嗎？』接著再問『這會賺錢嗎？』如果我對任何一個問題說不，那麼我會尋找另一種選擇。這種方法背後的觀點是，如果我們按照自己的價值觀生活和工作，那麼我們更有可能過上讓自己引以為榮的生活，而不是後悔的生活……如果你不知道自己的立場和方向，就很容易偏離正軌，浪費時間做一些你不需要做的事情……那會讓你走上危險的道路。」

行動策略：直搗核心

如果你從未想過核心價值觀，請不要自責，這不是學校會教的東西。你可能在強調公司價值觀的地方工作，但你的主管或老闆很少要你釐清是什麼造就了你的自我認同與職業認同。除非你能說出自己的核心價值觀，否則無法實踐它們，所以你現在要放慢腳步，開始去做。你會需要勇氣和足夠健康的自尊來走出瘋狂的生活步調，以便定義對你來說重要的東西。這樣一來你就會發現，原來自己已經走了那麼遠。

在這個過程中，你需要可以書寫的東西，還有螢光筆和筆記本。抽出二十到三十分鐘，讓自己集中注意力而不致分心。為了更好進入狀態，可以花點時間運用第四章中你最喜歡的接地技巧。首先，查看後面提供的價值觀清單，別被龐大的內容嚇到。用螢光筆把七到十個你第一眼就看中的價值觀塗上顏色。進行這一步時請跟著直覺走，選擇最能引起共鳴的辭彙。清單中也預留了空間，讓你添加自己的價值觀。思考時請閉上眼睛，想想自己生命中處於最佳狀態、最順利的時刻——也就是說，感覺自己充滿力量、生產力最高，彷彿一切都棒極了的時候。讓自己回到那一刻，感受能量，就好像你正在重溫這段經歷。想一想，那一刻你的想法和行動之下隱藏著何種信念。當你睜開眼睛後，請在你剛才塗上顏色的七到十個核心價值觀中，圈出也出現在高峰體驗中的價值觀。接著，從剛才圈出的價值觀裡，再選出三到五個你在生活中必須被滿足、最能呈現你個人風格、且對於支持你的內在自我必不可少的核心價值觀。用你的直覺去確認，確保每個辭彙都能與你產生情感共鳴，讓你處於正面心態。

你可以將這些核心價值觀寫在方便看見的地方，不論你正處於失落茫然的狀態，或者只是單純需要一點鼓勵，都可從中獲得啟發。你在本章的有效練習中也會需要使用它們。記住，你的價值觀並非一成不變；隨著你經歷不同的人生階段，以及你愈來愈了解自己的 STRIVE 特質，你的核心價值關都可能不斷變化，這也就是為什麼每年至少要重新審視它們幾次。

落實行動策略：凱瑟琳

在諮商過程中，凱瑟琳最後將核心價值觀篩選至三個，即「承諾」、「好奇心」和「成長」。我鼓勵她思考，如何利用這些價值觀使她的 STRIVE 特質更加平衡（詳細方法參見本章有效練習）。也就是說，她的價值觀如何幫助她平衡「豐富情感」？現在我們知道凱瑟琳重視「承諾」，她對馬克的情況感到非常困擾也就不難理解了。馬克的行為違反她的價值觀，破壞她的工作以及她與同事的關係。闡明「承諾」的重要性，能幫助凱瑟琳打造新的界限——如果馬克再次越級報告，她會勇敢發聲。

核心價值觀

豐富
接納
成就
適應
進步
冒險
利他主義
雄心壯志
賞識
注意力
自主
平衡
美麗
歸屬感
仁慈
大膽
勇敢
冷靜
坦率
關懷
確實
挑戰
寬厚
爽朗
協力
安慰
承諾
共同體
同情
能力
信心
連結
一致
滿足
貢獻
合作
勇氣
創造力
好奇心
果斷
奉獻
可信賴
決心
權謀

紀律
發現
多元
動力
效率
同理心
賦權
享受
熱心
平等
卓越
經驗
探索
表達力
公平
家庭
無畏
彈性
專注
寬恕
堅毅
自由
友誼
樂趣
慷慨
優雅
感激
成長
幸福
努力工作
健康
幫助
誠實
希望
謙卑
幽默
想象力
包容
獨立
個性
內心和諧
創新
追問到底
靈感

完整
智力
親密
喜樂
善良
知識
領導力
學習
愛
忠誠
征服
別具意義
正念
溫和
動機
心胸開放
樂觀
創見
熱情
耐心
和平
毅力
堅持
親力親為
發展
嬉鬧
歡愉
權力
風度
積極主動
生產力
專業精神
繁榮
守時
意志
品質
理性
認可
關係
可靠
韌性
足智多謀
尊重
責任

熱誠
休息
克制
承擔風險
安全
自我照護
自我控制
自尊
無私
服務
具重要性
簡單
孤獨
靈性
穩定
實力
有條理
成功
延續性
團隊合作
周密思考
寬容
堅忍
寧靜
公開透明
誠信
理解
獨特
團結
有用
勇猛
精力
洞察力
活力
親切
財富
安康
智慧
出奇
其他：
____
____
____
____

✦卡關解方

一、**覺得難很正常**。來找我諮商的每位客戶，起初都很難挑出他們心中最重要的價值觀。這很正常，且有附加好處：當你願意堅持下去，並理解事情本就不易，你就對自己證明了你能做到困難的事，連帶也不會在其他情況下輕易放棄自己。

二、**擺脫羞恥感**。選擇核心價值觀時不用覺得尷尬。如果你的核心價值觀之一是「自我照護」或「休息」，不代表你就懶惰；如果你重視「彈性」，也不代表你就不可靠。我有位客戶起初覺得自己很虛榮又自戀，因為「美麗」是她的核心價值觀之一。但當她不再抗拒並開始將美麗盡量融入生活中後（重新設計工作空間並每天在大自然中散步），她的心情和態度都有了好的轉變。

三、**小心不切實際的外在價值觀**。如果你是以別人會如何看你來選擇核心價值觀，或者你選擇效法心目中典範的價值觀，這對你來說反而會是一種危害。如果一個價值觀與你的身分不一致，或跟你自身無關，它只會造成你的緊張不安。

四、**找出主題**。如果你在篩選價值觀時有困難，試著選出一組相似的辭彙吧。你可以這樣問自己：這個價值觀是否定義了我的最佳狀態？我會根據它來做出艱難抉擇嗎？我會挺身捍衛這個價值觀嗎？有個做法表面看起來可能很病態，但很有效：問問自己，你希不希望這些價值觀在自己的葬禮上被朗讀出來。

五、加以微調。這個過程並非一成不變，所以別被完美主義打敗了。先做完一遍，把結果擱在一旁，有什麼問題都可以再慢慢想想。當你對自己的 STRIVE 特質有更深入的了解後，隨時都可以回來調整你看重的價值觀。

凱瑟琳無法準確預測馬克接下來會做什麼，但她知道自己的情緒沒有不得體，因而感到更加自信；它們是她最重要部分的延伸。儘管她還沒有採取什麼「行動」，但定義出界限幫助她更靠近「好奇心」。她知道自己有這麼一個有趣的計畫，不僅可以重拾設計工作中她熱愛的趣味之處，還能以不同的方式處理馬克的情況，並嘗試用新方式來溝通及建立彼此的工作關係。凱瑟琳也決定要彰顯「好奇心」這個價值觀，方法是運用簡單的情緒追蹤應用程式，這樣她就可以更深入了解自己的「豐富情感」與高敏感鬥士身分。

公司的發展會議與我們的諮商結束大約一週後，凱瑟琳參加了貝絲為高階主管舉辦的公司文化研討會。會議室前方的白板上列出公司的價值觀——大膽、合作和服務。每個人收到兩套便利貼：在綠色便利貼上，他們要列出支持公司價值觀的行為和行動，在紅色便利貼上，他們要寫下價值觀脫軌的例子，或者對促進公司邁向大膽、合作和服務沒有幫助的行動。十分鐘後，白板上貼滿寫著正向行為的綠色便利貼，但沒有一個人貼上紅色便利貼。

凱瑟琳知道馬克的情況就是脫軌的例子，她不安地坐了一會兒，發現自己開始擔心同事會怎麼看她和她身為經理的能力。當下，凱瑟琳問自己，她如何才能以實現個人價值觀的方式採取行動。答案很明確：她需要在白板上貼上第一張紅色便利貼。雖然她先前曾試圖對貝絲隱瞞馬克的情況，但她從管理和領導工作學會一個道理：真正的領導者是透過真實和坦率來成長的。她走到白板前，貼上紅色便利貼，上面寫著「團隊溝通不良」。室內安靜下來，凱瑟琳向其他主管描述馬克的情況，他們聽完便提出如何與他坦誠對話的建議。在過去，她不會在這種場合多說些什麼，還可能會太過在意別人的建言。但現在她覺得安心，因為她跟著正確的感覺走，而不再因為害怕別人對她的看法而退縮。

研討會結束後，貝絲走過來，誇獎她完美地示範了「大膽」（勇敢發言）和「合作」（制定與馬克相處的計畫並發展團隊）。她問凱瑟琳想不想一同領導職場文化委員會，隨著公司的蓬勃發展，她將在指導公司的任務和願景方面發揮重要作用。凱瑟琳欣然接受這項提議。她很高興將自己的「高度警覺」和「富責任感」運用到工作中，不僅協助公司達成目標，也協助自己做出有意義的貢獻而成長。

（（ 有 效 練 習 ））

加入核心價值觀的平衡輪

僅僅定義核心價值觀是不夠的。將核心價值觀落實到每天的立身處世中，除了要重新審視你在第一章打造的平衡輪，還要運用核心價值觀做為指引，繼續平衡你的 STRIVE 特質。

做法

一、**描述你選擇的核心價值觀**。用十個字或更少字解釋這個核心價值觀在你心目中的意義，接下來把這件事放在一邊，我們之後還會回到這個話題。

二、**檢視舊有的平衡輪**。你為自己的 STRIVE 特質各打幾分？想一想你在每個領域的成長情況，特別是那些你最引以為豪的改變。

三、**再次完成平衡輪**。即使你的分數只上升了一、兩分，或者仍和以前一樣，那也無妨。畫一條線表示你現在所處的位置，另一條線表示六個月後你希望達到的位置，就像你在第一章中所做的。寫下你還需要成長幾分。

四、**將核心價值觀和平衡輪並列思考**。想一想，如何使用核心價值觀來提高分數並實現更大的平衡，列出你可以採取的行動。

五、**對每個 STRIVE 特質重複這個過程**。最後，你將擁有一系列可以採取的明確行動。先圈出其中一項，本週就開始實施。

六、**定期重新評估**。在本書結束之前，你將再次審視平衡輪，但不妨日後定期檢查。我建議至少每季重新評估一次；不過，我有些客戶每週或每月都檢查。立即設定提醒，以免忘記。

加入核心價值觀的平衡輪

（凱瑟琳）

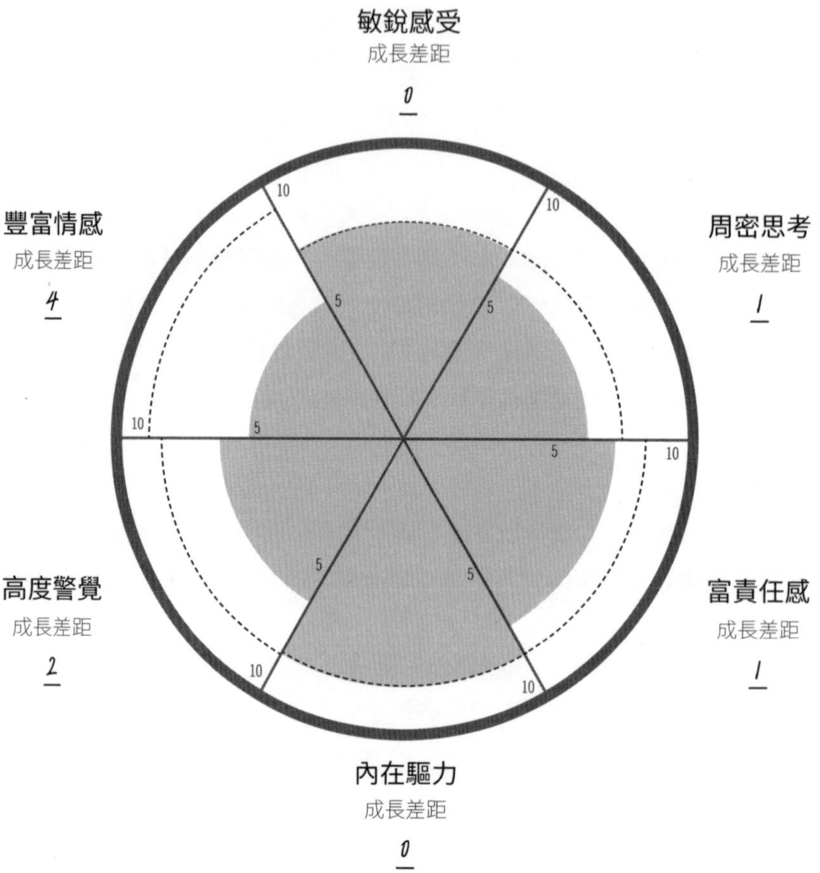

核心價值觀	調整行動
1. 承諾：證明我關心工作和團隊 2. 好奇心：心胸開放，更深入了解自己和他人 3. 成長：成為更優秀的經理	• 跟馬克之間設定界限 • 開始使用情緒追蹤應用程式 • 繼續領導力課程 • 即使會暴露出我還在學，也要勇敢說出來

加入核心價值觀的平衡輪

(　　　　　　)

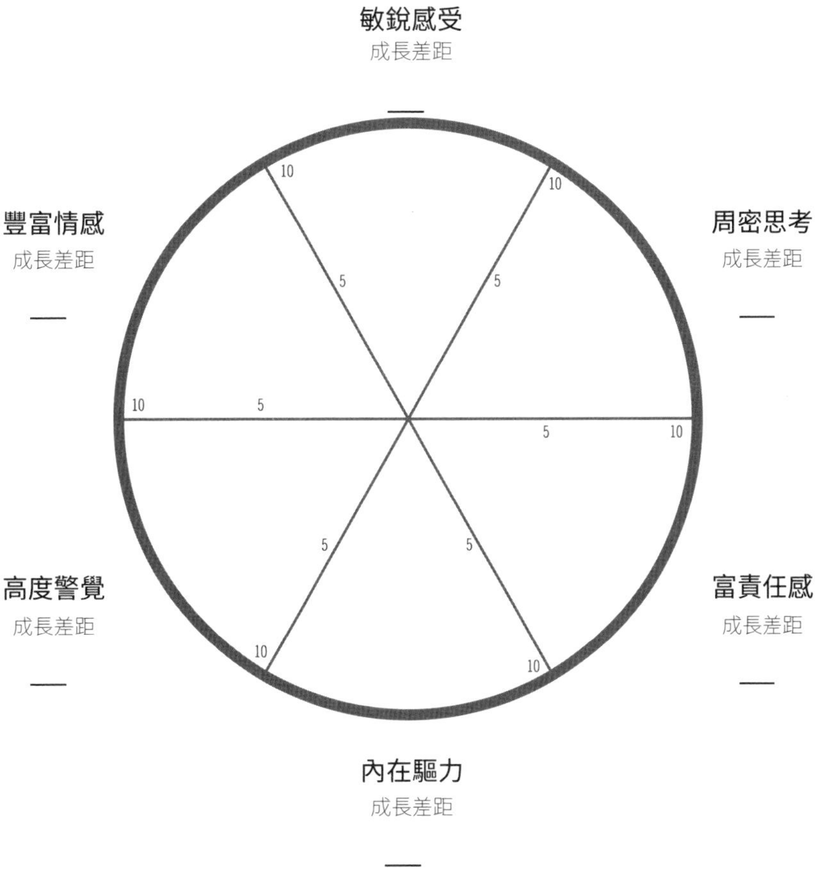

核心價值觀	調整行動
1.______	• ______
2.______	• ______
3.______	• ______
4.______	• ______

09 鎖定目標

你不必苛求完美，做到好就很夠了。

——約翰・史坦貝克（John Steinbeck）*

在第二章中，你了解了優等生迷思，也放棄了對你來說不再有用的目標。從那時起，你透過管理自己的想法和情緒、相信直覺和建立界限，重新認識到成功的意義。現在正適合重新思考你的抱負，以及它在生活中所扮演的角色，這樣你既能尊重「內在驅力」又不必放棄內心平靜。畢竟，如果你讓你的雄心壯志橫衝直撞，它就會帶著你糊塗行事。但如果你能運用它，以井井有條的方式，制定兼顧自身需求和意向的目標，就能以自己選擇的方式取得成功。

而在你完成第八章的功課後，你就有能力選擇令你感到有趣和興奮的目標，並兼顧對你而言真正重要的事。現在，你有機會打造全新的目標設定框架——它同樣讓你有所成就，但不會讓你違背真實的自我，也不會讓你再度陷入之前努力消除的壞習慣。

你在第一章見過的計畫、營運和行政副總裁凱莉，在病假後重返工作崗位，一年後為職業生涯下一階段設定新目標，進而找回自我。她和同事增聘員工來減輕工作量，並制定了更有效的流程，凱莉和團隊成員再也不會忙到不知所措和過勞。透過我們的共同努力，凱莉學會了平衡 STRIVE 特質，對自己的能力和敏感予以肯定，並且也開始理解運用核心價值觀來引

＊約翰．史坦貝克，美國知名作家，曾獲諾貝爾文學獎，代表作包括《憤怒的葡萄》（*The Grapes of Wrath*）、《伊甸之東》（*East of Eden*）和《人鼠之間》（*Of Mice and Men*）。

導行動的重要性。凱莉定義自己的核心價值觀，包括活力、平衡、慷慨、有條理和貢獻，這些價值觀幫她將時間和精力集中在最重要的事情上，並擺脫了「取悅他人」這項最令她精疲力盡的不良習慣。現在的她穩定多了，我們經過一年多的合作，如今每月會談一次，用不著每週見面。彼此之間的話題也已轉為她職業生涯的下一步，因為她被公認為機構內最優秀的管理人才之一，也收到過許多其他公司的招聘訊息。現在，她終於有考慮未來的衝勁！

凱莉得知機構的常務董事預計在三到五年內退休，她決定要爭取這個位子。她也知道，如果加入另一個組織的董事會，將能提升她的專業聲譽、公眾形象和影響力。知名度和可信度提升後，凱莉有望坐上機構的最高職位，有朝一日創辦自己的非營利組織時，也能為她提供所需經驗；她希望為無法負擔大學費用的青少年提供職業培訓，這是她心中的長遠夢想。不管是成為機構的執行董事、當上董事會成員，還是創辦非營利組織，凱莉對每個目標都興奮且期待。它們與她的核心價值觀「貢獻」相符，使得她得以發揮長才並帶來深遠影響。不過，若要爭取進入董事會的機會，凱莉需要建立人脈，特別是要多多參加當地女性領袖活動。

某次結束諮商後，凱莉決定立刻開始，直覺首先告訴她，應該每週參加一次活動。她想，這樣聽起來不算過分。然而，月底我們進行談話時，她已經意識到計畫行不通。除了在辦公室工作八小時和龐大工作量（包括監督為某人口超過八百萬的郡所做的系列專案）之外，凱莉也投入減肥（這是她為實現核心價值觀「活力」而採取的步驟）。她參加健身和減重課程，在十二週內減掉十磅（約四．五公斤）。週一和週四，她要上飛輪課。週二，她參加支持團體聚會。週五，她與丈夫和女兒共進晚餐及看電影。所以，週三是她唯一空閒的夜晚。大多數社交活動都在晚間六點到九點之間進行，這意味著如果不是在週三，她就得被迫放棄原本排定的日常活動。最重要的是，參加社交活動會耽誤就寢時間，隔天醒來還會昏昏沉沉，面對豐盛的晚餐和美酒，她也難以遵守自己設定的營養目標。一個月後，她的減重進入停滯期，丈夫擔心她會重蹈覆轍，又回到壓力爆表且危害健康的生活模式，導致最後不得不請病假。凱莉沒辦法做到每週參加活動，其他目標也連帶受到影響，她對自己感到失望。在下一次諮商中，凱莉一開口便坦承她犯了錯，而且現在的她更加了解，以「活力」和「平衡」核心價值觀來塑造生活多麼重要。她不想再掉進舊習慣中，她想要成功，而不是失敗。

停止移動球門柱

在設定目標時，許多高敏感鬥士會陷入「移動球門柱」的習慣。要理解這一點，請想像一座足球場。移動門柱就像試圖從二十碼線射門，一旦不成功便又回到三十或四十碼線。你讓自己面臨更大的困難，整個過程也令你精疲力盡。你可能會注意到，你對目標也是如此：連一個目標都還沒實現，你就已經提高了取得成功的風險。你擊中目標的希望渺茫，敏感的神經系統也會承受更大負擔。目標愈大，你就愈有機會被壓垮。

聚焦於你的抱負，也就是要設定較小的目標，並有系統地朝著它們邁進，這樣你就可以保存能量，走得更遠，持續得更久。事實上，追求任何目標的路上，都充滿著起步、停滯和挫折，你需要一種方法來培養跨越鴻溝的信心。解決方法是為成就分級，進而將目標分層。說得明白一點：我不是要你專門挑小事進行或滿足於小目標，而是將它們分成不同的層次，這樣就不會掉進全有或全無陷阱。

這種方法有很多好處：

- **它讓你定期取勝**。你的目標可能很複雜，而且有很多層次，這意味著它們需要時間來完成。在過程中獲得正面回饋將激發動力並保持士氣高漲，即使情況變得艱難，你仍能勇往直前。
- **它可以幫你把注意力放在執行，而不是過度思考**。你不是從一個龐大目標開始，而是逐步實現它。這有助於你在過程中遇上小關卡時繼續保持動力並相信自己。

• **它迫使你定義什麼是剛好和太過**。透過設計基本目標，你為自己設定最低的成就水準。另一方面，設定目標上限意味著你必須擺脫愈多必定愈好的心態。你可以有意識地選擇在精力上限內工作，尊重你的「敏銳感受」。

• **它引導你的「內在驅力」，讓你輕鬆實現目標**。過度執著於目標會導致痛苦，將目標分出層次可以讓抱負變得如同遊戲，你可以採用更有趣、容易及輕鬆的方式來實現它。這是你和自己而不是他人之間的競爭。

目標分層最大的好處是有效。史丹福大學行為設計實驗室（Behavior Design Lab）主任福格（B.J. Fogg）的實驗證明，小步驟可以讓你開展進程並締造更大的追求。福格提倡「小習慣」或選擇「朝目標邁出小小一步——小到你會認為很荒謬的程度」。你的目標是培養使用牙線的習慣?那就先從一次清一顆牙開始。需要找新工作?那就在領英（LinkedIn）發出一封求職函。打算開始進行冥想?那就先深吸一口氣。我的客戶全是典型的超級成功人士，大多都對這種方法猶豫不決，但他們很快便發現研究結果沒有騙人：高達百分之九十一的人表示，微小習慣能夠提升、甚至大幅提升他們的信心。更好的是還有滾雪球效應——百分之六十五的人表示，微小習慣會在短短一週內產生漣漪效應，為生活帶來其他正面變化。那是因為你從掌握微小習慣中獲得動力，使你有衝勁和能量去實現更大的目標。微小習慣之所以有效，因為它們利用了心理學家所謂的「目標梯度」（goal gradient），人的進步能力會左右信心高低。換句話說，前進的感覺會促使你更快實現目標。

✦做自己最忠實的粉絲

實現目標固然很棒，但如果你只是繼續做下一件事，沒有暫時停下來慶祝勝利，你永遠不會獲得信心。從心理上來看，慶祝成功不算輕浮的舉動；它會讓你的身體釋放腦內啡，令你覺得自己更有能力。不要等別人認可你，也不要將慶祝活動侷限於了不起的勝利。

一、**製作功勳檔案**。記錄你在工作中的勝利（利用 Word 或谷歌文件、Evernote、電子郵件），這樣你就可以帶著健康的自豪心態回顧昔日榮光。你的功勳檔案可以幫助你了解自己的專長、你最喜歡的工作類型，甚至可以方便地進行績效評估或求職。我的一個客戶將功績檔案保存在精美的筆記本中，為自己的成就貼上金星貼紙。

二、**思考你的高峰／低谷／英雄時刻**。感恩有很多好處，包括增進健康、睡得更好和心情更快樂等等，這已經不是什麼祕密，但唯有平均地接受人生的高低起伏才是真正的感恩。我的客戶喜歡一種稱為「高峰／低谷／英雄」的做法：你一天中的高峰是什麼？低谷又是什麼？你今天感到自豪的是什麼？或者，今天誰是你的英雄？我的一位客戶某次換工作後便開始運用這種方法。她本來覺得自己在新環境裡格格不入，像個冒牌貨。但是每天晚上和伴侶一起進行高峰／低谷／英雄，她終於明白，雖然成長免不了痛苦，她的九十天計畫依然有很大的進展。

三、**公開分享**。不要低估分享成功帶來的社交連結與動力，我們隨時歡迎你在高敏感鬥士社群分享你的勝利，你可以在 melodywilding.com/bonus 上找到本社群，還有本書提供的表單、範本和其他免費資源，你都可以列印下來自行使用。

行動策略：微小目標的巨大力量

在設定目標時給自己留一些餘地可能聽起來不太對，但想要獲得豐碩成果，關鍵在於從小處著手。我會引導客戶設計一種分層方法，按照以下的3C框架來實現目標：

在基礎層面，我們有「**承諾（Commit）目標**」，它們很容易實現。「承諾目標」是你知道自己有能力完成的目標。例如，我的一位客戶想在行事曆上安排專心工作的時間。她負責領導十五人團隊，整天塞滿一場接著一場的會議，沒有時間完成工作。起初，她陷入高敏感鬥士移動球門柱的習慣，決定嘗試每天騰出兩小時，鑑於目前的日程安排，這顯然不現實。計畫無可避免地失敗了，讓她覺得自己很差勁。她來找我諮商，我們採取折衷辦法，她的新「承諾目標」改為只在週一和週五挪出一個小時。

「**挑戰（Challenge）目標**」是第二層。它需要你全力以赴，但不至於到自毀的程度。對我的客戶來說，她設定的「挑戰目標」是每個工作日抽出一小時專心工作。這會使她需要做出一些不那麼舒服的改變，但以她目前的負荷量來看，這還在她可以完成的範圍內。「挑戰目標」給了她些許空間去做更大格局的思考，即使有幾天無法達成目標，她也不會覺得自己很失敗。

最後，還有「**漂亮出擊（Crush It）目標**」。如果天時地利人和，那麼你的「漂亮出擊目標」

就會實現，你最宏偉、大膽的企圖就此成功。我客戶設定的「漂亮出擊目標」是每天騰出兩個小時擬定策略。這種機會不常有，一旦降臨，她感覺自己簡直勇到不行，而且完成的工作量超出預期。

你不能也不會每天都實現「漂亮出擊目標」，但可能更常實現「承諾目標」或「挑戰目標」。不妨從減輕壓力開始，逐步完成英雄壯舉，並始終鎖定你的「承諾目標」。

✦卡關解方

一、**確保目標在你的控制範圍內**。你的3C目標應該立基於你可以定期影響的例行程序或步驟。例如，升職可以靠你與老闆的一系列對話來達成。獲得十個新客戶可以轉變為你用來推廣業務的社群媒體方案。

二、**把目標轉化為提問**。如果你無法將目標拆解為更小、可操作的步驟，請嘗試在開始時提問「我該怎麼做……」。將你的目標重新定義為一個問題，你就能打造初一份可執行的步驟列表，並可以將這些步驟列入3C框架中。研究表明，將目標定義為問題，可以將成效提高百分之二十七到二十八。

三、將時間表加倍。當目標無法縮小時，這個方法特別有效。給自己一年的時間來獲得升職，而不是六個月。用一季來架構網站，而不是強迫自己在一個週末完成。是的，這或許需要更長時間，但若能讓你保持動力，並在過程中對自己感覺更好，那麼花額外的時間很值得。

四、記住，實現目標的過程不是一條直線。在第十三章中，你將了解更多應對挫折的知識，但現在重要的是認清自己將面臨一段掙扎期。所以現在就開始凝聚你「內在驅力」中與生俱來的毅力吧。

五、決定何時退出。提姆．費里斯（Tim Ferriss）的著作曾五度登上《紐約時報》暢銷書排行榜，他建議大家問問自己：「我能不能提前確認好，當達到那些條件時，就是我該離開的時候？……什麼時候不利局勢（和）代價終會超過這一結果的潛在好處？……什麼樣的休息方式才有資格稱為休息時間？」如果不先這樣做，「很容易淪為堅持到最後，卻朝著一個不再值得關注的目標前進。」

落實行動策略：凱莉

在我與凱莉分享3C框架之後，她開始明白最初的目標——每週參加一次社交活動——如何讓她誤入歧途。事後看來，她意識到「拆解並縮小目標」的行動策略對她來說很有幫助，助她走出倦怠期。她成功地應用了行動策略，將機構的創立精神擺在第一位，並招募了重要員工。當然，我們也將同樣的方法，應用在爭取董事會席位這項目標上。

我請她捫心自問：「我希望實現進入董事會的目標，過程符合我的『平衡』、『活力』、『慷慨』、『有條理』和『貢獻』等價值觀，我該怎麼做？」凱莉意識到，如果她想充分運用「平衡」和「活力」，需要明智利用時間，只進行最有可能為她建立正確人際關係的活動，並將承諾目標減半，以便她可以每月最多參加兩次活動。她還意識到，如果她在活動中發言，就能做出更有價值的貢獻。最後，在實現自身成長的過程中，她還希望定期收集和推廣她所欽佩的女性的想法，並和相同領域的其他人大方分享。她的3C目標變成了：

- 承諾：每月參加一次活動
- 挑戰：每月參加兩次活動和／或在活動中發言

• 漂亮出擊：組織並主持行業專家小組

這項計畫滿足了她對有條理的需求，讓她跨出富有成效的步伐，包括條列一份她希望加入董事會的組織列表、收集活動發起人的連絡方式，以及撰寫一封電子郵件，向外界宣傳自己的演講者身分。她沒有把注意力放在自己做了多少，而是以一種聰明、有計畫的方式追求目標，而無須犧牲她的美好生活。

((有效練習))

承諾、挑戰、漂亮出擊

現在你已經設定界限並探索核心價值觀，這項練習將幫助你使用 3C 框架選擇對你有意義的新目標。

做法

一、**選擇一個職業志向**。確保目標與你的核心價值觀吻合，並且沒有表現出任何優等生迷思的跡象。

二、**使用 3C 框架打造子目標**。針對你希望的行為或目的，積極地制定目標。

- **承諾**。成功的最低標準。
- **挑戰**。應該感覺有點吃力。
- **漂亮出擊**。讓你的夢想狂奔。

三、**決定你必須採取什麼行動來實現「承諾目標」**。至少在一到三週內持續掌握你的「承諾目標」，然後針對有用的做法加倍努力和擴展。

四、**追蹤進度**。嘗試找到可以幫助你衡量進度的方法和頻率，而不必過於關注指標。以下是我最喜歡的一些方法：

（一）**每週或每月回顧**。每個星期六早上，我都會寫一份「執行長報告」，記錄業務中的各項數據（收入、電子郵件訂閱者等），以及諸如我的感受、經驗教訓和近期計畫等與品質相關的資料。

（二）**賽恩菲爾德法**。喜劇演員傑瑞．賽恩菲爾德（Jerry Seinfeld）曾經告訴一位年輕喜劇演員，拿一個大月曆，每天寫笑話時在上面畫一個大 X。「幾天後你就會有一條長鏈……你會喜歡看到它，尤其是當你已經累積了幾週。你唯一的任務就是不要害它斷掉。」視覺提示為你提供查看進度的具體方式，激勵你堅持到底。如果你更喜歡數位追蹤，我個人愛用的是 Stride 和 Coach.me。

（三）**迴紋針策略**。這是另一種視覺目標追蹤工具，準備兩個罐子，在其中一個放一堆迴紋針、彈珠或硬幣，以一天、一週或一個月為期，每當你採取與目標相關的行動時，便將它們移到另一個罐子裡。

承諾、挑戰、漂亮出擊

（凱莉）

我的抱負是		
在非營利組織的董事會謀得席位，並接任機構的執行董事		
承諾目標	**挑戰目標**	**漂亮出擊目標**
每月參加一次社交活動	每月參加兩場活動，和／或在一場活動上發言	組織並主持行業專家小組
需要採取的行動		
請丈夫在我外出的晚上照顧孩子		
找到其他可以參加的飛輪課程		
把想去的活動列一份清單		
研究連絡人清單，尋求演講和／或參加小組討論的機會		
撰寫電子郵件範本，把自己推銷出去，爭取演講機會		
如何追蹤進度		
在記事本記錄我要參加的活動、要見的人，以及我要跟隨的人		

承諾、挑戰、漂亮出擊

(　　　　　　)

我的抱負是		
承諾目標	挑戰目標	漂亮出擊目標
需要採取的行動		
如何追蹤進度		

10 找出適合個性的職業

設計職業和生活……需要有能力做出正確的選擇並充滿信心地相信這些選擇，這意味著你要接受它們，不要懷疑自己。

——比爾・伯內特和戴夫・伊文斯（Bill Burnett & Dave Evans）*

為排解自己的優等生迷思，第二章的艾麗西亞兩個月來暫停了求職活動，並重建了過往丟失、能讓自己對自己感到滿意的習慣，這讓她覺得自己活得更像自己了。儘管經濟依舊不景氣，但她已不再萎靡不振，對自己的未來也持樂觀態度。儘管艾麗西亞仍然對在經濟低迷中找新工作感到緊張，但她已有餘裕重新考慮自己的未來以及實現目標所需採取的步驟。

在暫停求職期間，一直在進行試管嬰兒治療、希望獨立生子的艾麗西亞發現自己懷孕了，這讓她更加有動力去換工作，讓她的職業狀況盡快有所改善，好趕在寶寶出生之前解決問題。在想像她未來的工作和職業時，艾麗西亞牢記她在我們合作過程中確立的核心價值觀：可靠、真確和連結。很明顯，她目前的職位不再能滿足她的要求，如果她要嘗試將自己的生活與她定義的核心價值觀（尤其是真確）保持一致，她就需要重新考慮與她的職位或與職位相關的任務和責任，甚至找到一個新的工作環境。她在雜誌社的職位採傭金制，這與可靠相反。她的收入每個季度都有很大差異，這一事實使她感到不安和情緒失衡。

由於經濟衰退，艾麗西亞知道要重塑她目前的職位是不可能的。她的老闆最近接受了自

*比爾．伯內特和戴夫．伊文斯，《做自己的生命設計師》（*Designing Your Life*）共同作者。

願收購，現在她的工作要向行銷高級副總裁匯報，後者經常提醒她的團隊，他們現在有工作都算幸運的。更糟糕的是，她那些素來自成小團體的同事們愈來愈過分。他們最近舉行了幾次「忘記」告訴她的臨時會議，並做出了一系列祕密決定，艾麗西亞事後才知道。她一直專注於與家人、特別是與姊姊之間的連結，但她在辦公室感受到的孤獨讓她意識到，人際連結對她生活的方方面面都至關重要。

艾麗西亞探尋自己未來的可能選項，而直覺告訴她，儘管在經濟上存在不確定性，但找份新工作是她唯一的出路。問題是，雖然艾麗西亞很清楚自己要遠離什麼，但對自己要朝著什麼方向前進仍然很模糊。在她職業生涯的大部分時間裡，無論公司怎麼樣，也不管她與同事相處得如何，她都覺得自己是個局外人。即使對自己是一個高敏感鬥士有了更深的認識，但當她陷入過去的心理習慣時，她仍然會急於去改變自己，而非考慮找個可以讓她在個人和職涯上都茁壯成長的環境。找到一個更適合自身個性的職位，對她來說是個有點放縱的想法，但光是想像自己身處不同的工作環境中，就讓她充分感受到了希望。她很想要打造一個能將自身毅力投入其中、讓自己感到滿足的工作環境。可惜的是，在為自己的職涯找尋新方向時，她不知該如何將自己的 STRIVE 特質也考慮進去。

你可能很明確知道自己要往哪個方向走，也或者你可能像艾麗西亞一樣，有點不確定如何在你的職業生涯中找到滿足感。但無論哪種情況，你都已經準備好要調整工作來符合自己的特質，不論你是對現有職位感到滿意，只是想再謹慎些來了解自己的下一步要如何達成；又或者你覺得自己可以過得更開心，為了了解該做些什麼改變，能讓自己打造更令人滿足的職涯而尋求協助；又或者你想要改變一切，重頭來過。不管在這段旅程中，你走在哪一個位置上，現在該是時候提起勇氣，有意識地找出或創造出你從未想過可能發生、能讓你發揮更大影響力並體驗更多滿足的環境了。

讓工作環境爲你服務

當你的任務、所處的環境，以及在職責中所提供與收穫的價值，能夠取得同步時，你就會感覺自己的個性與事業相當契合。許多人都希望找到這般令自己滿意的工作，而對於想在專業和個人方面都取得成功的高敏感鬥士來說，做到這點更是重要。回想一下第一章中提到的敏銳感受，它意味著，你對生活和工作環境更為敏感也更受其影響，無論好壞。根據伊蓮・艾融與其同事進行的一項研究，「敏感的人……在良好、積極的環境中，往往表現優於其他人。他們不那麼沮喪、不那麼害羞、不那麼焦慮，而且他們比其他人更容易產生正向情緒。」這意味著，即使你可能覺得自己的專業角色要和個性般配實在太難，但若你想保持 STRIVE 特質的平衡並發揮影響力，這點實際上是必不可少的。

還有其他研究也支持艾融的理論，亦即個性與工作的契合度至關重要。研究表明，當你職場環境的情況和你私下的個人特質相契合時，你會覺得你的工作更有意義。當你的工作符合你的價值觀並給你帶來自尊感時，效果尤佳。

讓你的職業與你的個性相匹配，不僅能讓你更適應不斷變化的需求，還能轉化為更好的工作表現。**個性與工作最為匹配的人，比起其他人每年多賺一個月的薪水，因為他們更快樂，更有效率**。個性與工作的高度契合，也會讓你在工作中有更多的投入、活力、熱情與創新。

積極找尋自己在職位和需求間的契合點的人，也更可能主動收集有關他們工作表現的回饋，爭取更好的任務，並看見接下來的事業機會，讓他們能職涯的長跑中發揮自己的優勢。

如果你仍有疑慮，請想一下，這不是你一個人的事。一個高效能的團隊需要多種個性的人，而當高敏感鬥士找到可以充分做自己的職位和工作環境時，那才是皆大歡喜。雖然並非每個公司或經理都知道如何打造這種多元化的員工團隊，但當今百分之八十七以上的企業都將「包容性」視為重中之重，因為它可以帶來更高的收入、更快的決策和更好的工作品質。如今對於神經多樣性或具某些大腦差異之領導者的招聘趨勢，為追求職涯更上層樓的高敏感鬥士提供了巨大的機會。因此請謹記，你的先天特質——同情、洞察全局的能力和忠誠——給了你一個競爭優勢。此外，在這個被自動化和愈發粗魯的行徑所宰制的職場大環境中，對高敏感鬥士的需求從未如此強烈。沒有任何技術可以取代你的創造力、同理心和卓越的感官知覺。當充分發揮作用時，你的聰明、盡責和善良是無與倫比的組合，使你在這個心理學家丹尼爾・平克所說「高概念、高感性」的時代裡，變得稀有和有價值。不要浪費你的天賦，因為這個世界比以往任何時候都更需要你。

✦在有毒的工作環境中保持理智

在有毒的工作環境中，不可能做到高績效、高滿足。即使你在家工作，有毒工作環境的負面影響也可以跨越物理的隔閡。紛亂、失能和溝通不暢最終會影響你的私生活、健康、自尊等方方面面。有時你無法即刻脫離這樣的環境，因此在你制定退出方案時，這裡有一些技巧可以改善這種情況。

不要	要
讓消極獲勝 避免向你的伴侶或朋友抱怨。反覆思考你糟糕的工作會讓你處於悲觀的心態，並阻止你看到解決方案。	**把你的工作當作試驗場** 為未來的機會培養技能和能力。如果你無法了解工作中需要的知識，請使用免費視頻或在線培訓。
參與紛紛擾擾 讓你的辦公桌遠離搞破壞的混蛋。在你身邊找一些有同情心的盟友，他們可以向你透露他們參加的會議。限制與八卦的人相處的時間。	**尋求支持** 透過專業協會或同行社群在辦公室內部或外部建立一個知己圈。你的身旁需要值得信賴的人，好為你提供健全性檢查。
苛扣自己的休息時間 充分利用午休時間。避免在下班後回覆電子郵件或是週末繼續工作。記得使用你的特休（有薪假）。	**創造積極的工作空間** 用圖像、引語和色彩包圍自己，讓你放鬆或帶給你快樂。

沒有確實為自己發聲

你可以更有創意地改變工作中的有毒元素，例如透過委派、更換主管或更換團隊。如果你的老闆沒有提供支持，找一個願意為你效力的內部盟友。

猶豫是否記錄存證

追蹤不當或濫用行為，以便在需要時舉報。

失去自我意識

從另一個出口尋求掌控感、動力和享受，例如副業或愛好。

準備出口

將你的精力集中在自己的下一步以及找尋更好的選項上。整理你的履歷，分享內容以強化你的個人品牌，聯絡招聘人員，並重新與你的人際網絡建立聯繫。在銀行裡要有三到六個月的儲蓄。

管理自己的自我對話

提醒自己這種情況是暫時的，並重新定義你對它的看法。這並非危機，這是個挑戰。你的老闆並非讓人不能容忍；他們只是在情感上不夠成熟。

謹記你的工作無法定義你

重新審視你在職稱之外的價值觀和立場。

行動策略：全身心投入工作

如果沒有合適的條件，實現你的核心價值觀和目標會很困難，甚至不可能達成。雖然有些人能夠在哪裡扎根就在哪裡開花，但**對高敏感鬥士來說，有意識地採取行動，找到真正適合個性的工作，才是最佳選擇**。在本章末尾的有效練習中，你將有機會評估你當前的角色，但在你認定其是否完美契合之前，你需要運用高敏感鬥士的職業需求層次來加以定義，並為輕重緩急排出優先順序。

從生存所需與進步所需的兩個角度，來審視當前和潛在的角色，這對你和你工作的組織來說都是一個更上層樓的機會，這會讓你更有效率、更加滿足，並且讓你在職涯的任何階段都具有影響力。

高敏感鬥士的職業需求層次

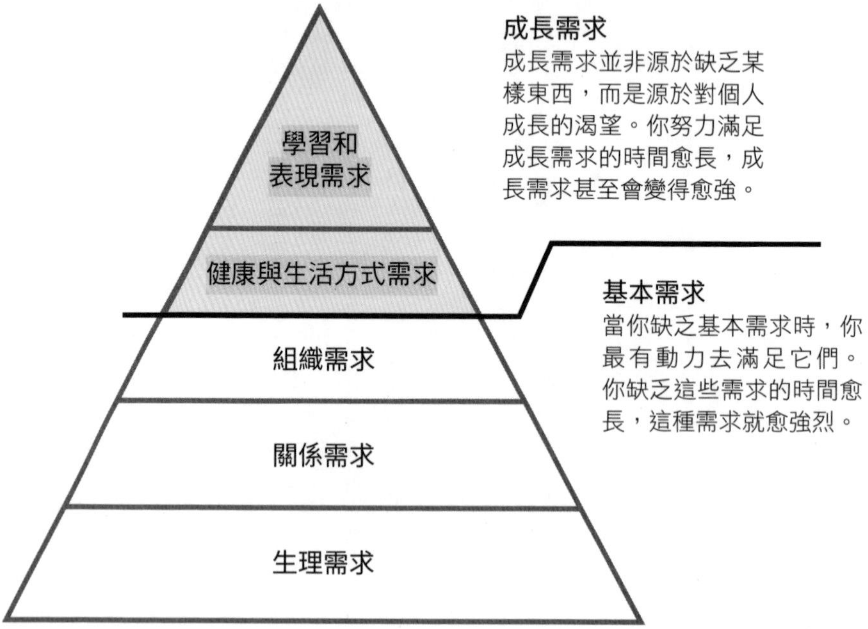
成長需求
成長需求並非源於缺乏某樣東西，而是源於對個人成長的渴望。你努力滿足成長需求的時間愈長，成長需求甚至會變得愈強。
學習和表現需求
健康與生活方式需求
基本需求
當你缺乏基本需求時，你最有動力去滿足它們。你缺乏這些需求的時間愈長，這種需求就愈強烈。
組織需求
關係需求
生理需求

基本需求

如果你上過心理學的課程，你可能熟悉馬斯洛的需求層次理論，他透過金字塔圖樣說明了他的理論，即只有滿足某些基本要求，個人才能成長並充分發揮潛力。同樣的想法也適用於職場的基本需求與成長需求。就像這樣：

生理需求

生理需求構成了金字塔的基礎，涵蓋了你實際工作空間的所有方面，無論你是在家工作還是進辦公室。釐清最理想的外界刺激程度可以平衡你的「敏銳感受」，讓你感到穩定和平靜，同時營造一種氛圍，讓你能夠集中精力並充分利用「周密思考」所提供的一切。

想一想：

- 你希望自己的工作空間有多安靜或私密？
- 你對在高能量環境中工作的想法感到興奮還是排斥？
- 什麼類型的氛圍讓你感到投入、清醒和自在——從顏色和空間調性到燈光？

關係需求

這一層包括你工作上的所有人際層面，從你與同事互動的頻率到你在工作場所感受到的信任和歸屬感。雖然高敏感鬥士的某些特質與內向重疊，但請記得，有百分之三十的高敏感族是外向的，因此即使你喜歡獨立作業，你也可能同時喜歡團隊合作或人員管理。你可以透過探究自身情緒，來思考什麼樣的職場人際關係能帶給你喜悅與深刻的滿足。

想一想：

- 你希望與同事有多頻繁的互動？
- 你喜歡花多少時間開會或與他人合作？這會讓你有多興奮？
- 你需要從你的工作關係中得到什麼，才能讓你感覺自己被接納、是團隊的一分子？

組織需求

金字塔的第三層（也是了解你的基本需求的最後一部分），需要你評估你想為之工作的組織類型。組織需求不僅包括公司的運作方式，如規模、文化和領導風格，還包括公司為世界帶來的東西、聲譽以及在市場上的地位。

想一想：

- 什麼樣的領導者能夠讓你感到振奮？他們的價值觀與你一致與否對你來說是否重要？
- 你的公司是否有一個你熱衷的使命，對你來說有多重要？
- 你能在什麼樣的組織文化中茁壯成長？例如，是透過協商取得一致，還是按階層做出決策？

成長需求

一旦你的基本需求得到滿足，就可以開始考慮你的成長需求，這源於人想要進步的欲求。

健康和生活方式需求

你不會想再次陷入優等生迷思，因此請考慮一下你的工作與生活的平衡以及能促成最佳身心健康的條件。關鍵在於，對那些影響你的能量與整體健康的規劃與因素做好管理。

想一想：

- 安排日常行程時你需要多少主控權，以及你多久需要休息一下？
- 你最理想的上班時間和下班時間是什麼時候？

- 什麼程度的彈性是你不能缺乏的？

學習和表現需求

在金字塔頂端的，是你希望在工作中有所發揮的職責、技能和優勢。這其中沒有什麼一定的標準，因為在這方面的滿足感對每個人來說都不一樣。為了滿足這方面的需求，有些人可能會去追求他們熱愛的工作，有些人在意的是收入足以追求工作之外對他們來說真正重要的事。聽從你「內在驅力」的聲音，反思自己希望在未來如何成長。

想一想：

- 你認為自己的特殊天賦和才能是什麼？
- 與你的角色相關的關鍵任務，在多大程度上激勵或消耗了你？
- 有哪些興趣或技能，是你希望更精進或以不同方式去應用的？

了解自己想要和需要什麼，會為你的生活和工作方式開闢許多可能性。你並不總是需要做出徹底的轉變，比如辭掉你的工作（更何況對於大多數高敏感鬥士來說，一下就做出這種巨大改革實在太難），但是定出你的基本要求和理想條件，可以幫助你做一些小的調整，創造人與工作之間更好的契合度，讓你離夢想也更近一步。

✦卡關解方

一、**回顧過去**。想想你過去的五到七個職位（也可包含短期專案或志願性的零工等）以及你最喜歡這些職位的那些部分——是什麼真正打動了你？你希望繼續或擴展什麼？回想一下當你的STRIVE特質在平衡輪上達到十分之八的時候，發生了什麼事？你在做什麼？另一方面，想一想什麼樣的工作狀況會讓你希望再也不要處理到。

二、**排出先後好過無法行動**。你可能會發現，你在某些類別中的需求會有相互衝突的情況。這是正常的，請停下立即改變一切、想全部一次到位的衝動。《工作的主體》（*Body of Work*）作者潘蜜拉．史蘭（Pamela Slim）說：「如果某些領域存在競爭，要思考當下哪個才是優先事項？你願意做出哪些犧牲來為你的優先事項服務？」

三、工作再加工。你也可以主動調整你的角色，以找到更專業的成就感。如果你喜歡教育他人，但你的工作重點是執行，你可以重新設計你的任務，包括打造其他團隊可以使用的培訓課程。我的一位客戶透過與她的主管建立輪換模式來改變她的角色，這使她能夠學習新技能並加深與整個公司不同利益相關者的關係。

四、拉近時間軸。與其嘗試設計一個長達五年的職涯規劃，不如先試試看以下這個思想實驗：想像一年後的自己，和現在的你會有何不同？又有哪些地方維持不變？你甚至可以把時間的框架再拉近到六個月或三個月。

落實行動策略：艾麗西亞

週末，艾麗西亞前往她最喜歡的遠足地點，這樣她就可以創造空間來思考她對下一個角色的理想需求和想要的東西。雖然她下一步的明顯選擇是繼續做廣告，但她在穿過樹林的路上積極調適出了開放的心態。她將生命中的這一轉變時刻視為一個機遇，但她也知道，如果她希望找到一個可以讓自己茁壯成長的工作場所，就必須比過去更有企圖、更有策略。那天晚上回到家後，艾麗西亞在紙上寫下了她的核心價值觀：可靠、真確和連結。以這些價值觀為基礎，她根據高敏感鬥士的職業需求層次設想了她的下一個角色。

從她的基本需求開始，艾麗西亞考慮了她理想的物理環境。艾麗西亞一天的大部分時間都花在電話上，她更喜歡在可以暢所欲言的地方工作，不必擔心自己打擾到其他人。她的許多親職同事都對在家工作讚不絕口，因為更靈活有彈性；但艾麗西亞喜歡更有條理的工作環境，對她來說，這意味著在辦公室裡她需要有一些隱私，或者要在家裡建立一個安靜、專用的地方。她在她為自己列印的金字塔最底層旁邊記錄了她的思考結果。

談到人際關係，艾麗西亞意識到她非常不開心。她不需要和同事成為最好的朋友，但她想要一種專業連結和歸屬感，她希望下一個工作場所是一個心理上能讓人感到安全的空間，所有想法和意見都可以被聽見。這對她很重要，因為她喜歡成為大型團隊的一員，並且喜歡在定期但高效的會議中向同事學習。

接著艾麗西亞考慮了她的組織需求。毫無疑問，艾麗西亞正在尋找一個可以讓她休完產假並提供現場日托的職位。她也希望上頭的經理是個能夠激勵她的人，而非總是拿工作可能不保來威脅她和同事們。在一段時間內，經濟上的不確定性是必然的，但她希望工作環境能在情感上和財務上都讓人覺得足夠可靠，領全職人員的月薪而非傭金制的支票。

當談到她的成長需求時，艾麗西亞試圖預測她身為單親媽媽的未來會是什麼樣子。儘管她還無法明確說出自己需要些什麼，但她已經見過足夠多的新手父母，她知道在她的工作時間和任務交期方面，短期之內靈活性是必不可少的。雖然她知道這在未來可能會發生變化，但當她想像自己的理想角色時，她希望未來的工作環境，能理解並接受員工有時需要照顧新生兒、生病的父母或伴侶，或者想要休個長假。她希望能夠真實講述自己生活中正發生的事，而不必編造或隱瞞她可能偶爾需要休息一天來照顧孩子或她自己的事實。

最後，關於她的學習和表現需求，艾麗西亞閉上了眼睛，讓自己放膽想像。她首先想到的是她已達成的角色定位，喜歡過什麼，覺得什麼對她有用，什麼讓她感到困難。早年在另一家廣告公司任職時，她獲得了一些機會與行銷和內容團隊合作開展多項活動。之後，她轉到了銷售部門，因為地位更高且更有競爭力，只是回想起來，艾麗西亞意識到她可能更偏好從事更多的跨部門協作專案，而不是將大部分時間花在尋找新客戶上。艾麗西亞也回想起大約一年前，她為一家陶藝工作室做了一些活動策劃，以換取免費參加課程。儘管這類以物易物的工作不會列在她的履歷上，而且跟她的廣泛職業生涯起初看來沒什麼連結，但她隨即恍然大悟，與行銷和內容團隊的工作，以及在陶藝工作室的工作其實有重疊之處，因為這兩個項目都需要她去結合行銷計畫與創意設計，並與店家們協調。這些事情都同時體現了她藝術的一面與盡責的特質。

透過這個過程，艾麗西亞已為自己理清了頭緒，可以用更多角度來重新審視她的求職。她有如此假設，如果能在一家崇尚彈性、並具有公司文化富包容性的企業裡擔任行銷導向的角色，她會過得更充實。她意識到自己不可能無所不知，所以沒有困在完美主義中，試圖一下子弄清楚一切。反之，她讓自己對所有可能懷抱開放態度，並隨著她透過面試和網路收集更多資訊而不斷發展自己的求職策略。在接下來的兩週裡，她還聯繫了朋友，請他們介紹那些從銷售部門跳槽到其他角色的人，以便了解他們的經歷。所有這些都證實了行銷對她來說是一條很好的道路。她充分利用她的人脈、校友團體和陶藝工作室的朋友，全力投入到她的職業生涯中。不到一個月的時間，艾麗西亞已開始為新職位參加面試（提供完整產假和現場日托的職位——符合兩項她「無法妥協」條件），並在三個月內找到了理想職位。

✦當你想改變一切時

透過本章，你可能會意識到，是時候換個工作或面對更寬廣的職業轉變了。在這個過程中，你可以透過採取以下幾個小步驟來保持情緒健康，並成功過渡。

一、**確定你的界線**。為你的專業永續性與成就感設定標準是必須的，也就是要知道什麼條件「無法妥協」，什麼條件「有了更好」。你不需要想得太多，只要專注於你所知道的就好。即使這可能並非全貌，但已足夠幫你釐清你的需求。你可以持續完善你的答案，但與此同時，擁有特定標準可以讓你在面對新機會時更輕鬆地做出選擇。

二、**化憂慮為燃料**。我的很多客戶在準備轉換跑道時都會提出一些大哉問，比如，這個新職業是否有我現職所欠缺的東西？我怎麼知道我真的會喜歡做這種新類型的工作？將這些擔憂轉化為可以做為小型實驗運行的問題（更多關於風險評估的資訊詳見第十一章）。列出你可以採取的行動，透過這些行動來取得驗證你假設所需的資訊或經驗。我真的會喜歡擔任領導角色嗎？要找到答案，可以和你的良師益友談談、參加管理課程，或者爭取一份兼任而非全職的延伸任務，讓你嘗試承擔部分領導責任。

三、讓成果可見。更新你的線上資料，以反映你最近的工作經歷、成就和最新的大頭照。你可以透過以下模板來打造新的個人品牌宣言：我是（你的角色／頭銜）。我幫助（與你一起工作的人）理解／做（你幫助他們完成的事情），以便（產生的轉變或最終成果）。發布內容（原創或精選）以提升你的形象並成為思想領袖。

四、讓策略更多元。避免只依賴線上求職平臺。聯繫你的家人、朋友和前同事，讓他們知道你在尋找什麼。與招聘人員互動，參加面對面的活動或會議，聯繫你的校友組織，或直接鎖定雇主。

五、調整自己的步伐。轉換跑道並非一蹴可幾。這是一件麻煩、反覆的事，需要時間、耐心和精力。高敏感鬥士在有序的的情況下才能有最好的發揮，因此請為你的求職活動制定合理的時間表。

((有效練習))

你的職業適性

現在你已了解高敏感鬥士的需求層次結構，就可以開始評估你當前的職業狀況，以及你理想的「個性－工作契合度」之間的對比。針對以下每個問題，請選擇一個介於 1 到 10 之間的數字，來描述你對每個陳述的同意或不同意程度。測驗的結果，將會為你指明你接下來所需考慮的後續步驟。

- **我工作的物理環境反映了我對刺激的偏好。**

完全同意　大部分同意　稍微同意　稍微不同意　大部分不同意　完全不同意

- **當我工作時，我經常完全沉浸在我正在做的事情中而忘記時間。**

完全同意　大部分同意　稍微同意　稍微不同意　大部分不同意　完全不同意

- **在整個工作日中，我可以在我覺得舒服的範圍內與同事互動。**

完全同意　大部分同意　稍微同意　稍微不同意　大部分不同意　完全不同意

- **我工作的組織體現了我關心的價值觀。**

完全同意　大部分同意　稍微同意　稍微不同意　大部分不同意　完全不同意

- **我喜歡我的工作所帶來的影響類型（比如，它會影響到或服務到的受眾）。**

完全同意　大部分同意　稍微同意　稍微不同意　大部分不同意　完全不同意

- **我的組織的文化是健康和有用的。**

完全同意　大部分同意　稍微同意　稍微不同意　大部分不同意　完全不同意

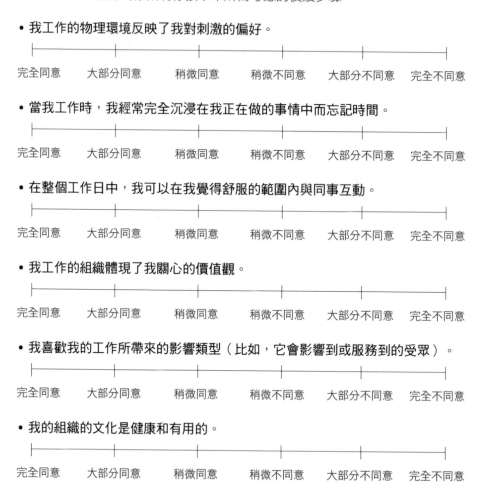

- **占據我一天的活動和任務，讓我感到精力充沛和充實。**

完全同意　大部分同意　稍微同意　稍微不同意　大部分不同意　完全不同意

- **在我的職業生涯中，我可以發揮我認為是我強大資產的技能。**

完全同意　大部分同意　稍微同意　稍微不同意　大部分不同意　完全不同意

- **我目前的職位為我提供了機會，繼續精進我想專精的技能組合。**

完全同意　大部分同意　稍微同意　稍微不同意　大部分不同意　完全不同意

- **目前我的工作正好符合工作與生活的平衡，並切合我生活風格的需求與目標。**

完全同意　大部分同意　稍微同意　稍微不同意　大部分不同意　完全不同意

如果你回答……

大多不同意：請從金字塔的底部開始，首先滿足你的基本需求，然後在滿足這些需求後逐步往上走。總體而言，你需要一些重大改變，如果需要更多提示，不妨重新看看「當你想改變一切時」。

有些同意，有些不同意：你有機會改善個性與工作的契合度，以獲得更大的幸福。從你認為最不同意或完全不同意的領域開始，並制定行動步驟來滿足這些需求。請查看本章「卡關解方」中關於打造工作的要點。

大多同意：恭喜！你的工作非常適合你的個性。事實上，你喜歡你的工作並且在一個很好的環境中，這意味著你可以專注於金字塔的頂端一你的學習和表現目標。不要忽視令人興奮的可能性，保持開放心態，為了更深層的意義與滿足來拓展自己吧！

PART 4

SUSTAIN SELF-GROWTH

持續自我成長

11 聰明冒險

終有一日，緊守於花蕾中，會比冒險綻放更痛苦。

——阿娜依絲・寧（Anaïs Nin）*

冒險，或決定在資訊不完善時採取行動，通常被視為不好的事，因為這總讓人聯想到魯莽行事；然而，風險也是成功的必要因素。試想一下，三十年來始終遵循自動駕駛的高敏感鬥士不大可能在專業上冒險幹大事，那就更別提為了自我滿足而承擔風險了。如果你想發揮你的全部潛力，你必須願意讓自己承受一些討人厭的後果——無論是損失、拒絕、評判還是失敗。事實上，一項針對高階主管的調查表明，願意承擔風險是他們能力之中決定晉升與否的關鍵因素，尤其是當他們面臨尚未做好充分準備的機會時。

不論你是否知道，你都已經準備好將你與風險的關係從戰戰兢兢轉變為輕鬆面對。在本書的每一章中，你都積極實施了新的方案和技巧——比如在準備好前就開始行動、找到你的中心、擁抱你的整個自我等等——每一個都要求你抓住機會並相信自己。現在正是你從自己的成長中獲益，並充滿活力地迎接挑戰的時刻。這也是我們在第七章中最後見到潔西卡時，她於一年之後所處的位置。

自從她和她的團隊完成開設五家新店的任務以來，已經過去了六個月，潔西卡現在可以將

*阿娜依絲·寧，美國作家，以其前衛的思想與作品聞名。

注意力轉向更高級別的方案，特別是向執行長提出關於如何在未來指導公司運營的建議。一到三年。由於她成功畫出界限，潔西卡不再過度操勞，而且大多數日子裡，她能夠在合理的時間下班，與家人共度時光並修復婚姻。雖然情況還不到完美（潔西卡意識到實現平衡是不斷變化的過程），但她告訴我，她透過確立和執行自己的界限獲得的信心是無價的。每次她說不、為自己發聲或要求團隊成員挺身而出時，都需要勇氣來直面自己的緊張。但潔西卡發現，即使沒有得到她希望的結果，每一次小小的冒險都是讓自己變得更強大、更自信的機會。

當她查看公司的銷售數據時，即便他們的店面表現依舊良好，但潔西卡對於零售業的整體低迷無法視而不見。她知道執行長希望她建議進一步的實體擴張——畢竟，這一直是公司的主要業務和她的專業領域——但她還是預見了公司的未來，甚至是她自己的未來，都在於實現收入來源的多元化。潔西卡知道，他們需要趕上他們的電商競爭對手，而且還得夠快，如果他們想生存下來的話。

你可能不會像潔西卡那樣需要面對全球行業趨勢，或考慮一到三年的整體計畫，但我敢說，你也遇過與她類似的十字路口，需要你承擔風險，無論大小。也許你有一個極佳的主意想與你的上級分享，或者考慮在你負責的範圍之外自願幫忙某些項目。或者在更廣的層面上，你想知道自己是否應該勇敢跨出腳步接受全新工作、轉換團隊甚至自行創業做頭家。冒險，意味著做出決定，或接受你直覺認定正確的挑戰，因為這樣會讓你有所收穫，無論是自身成長或者發現新的自己。大多數情況下，自我價值、收入等方面的好處是巨大的，而壞處則相對溫和，因為它們不會對你的健康或安全構成威脅。

相信自己能做到並不容易，但在本章中，你將開始為之練習，以便在機會出現時做好準備，以抓住新的可能性，而不會想太多或讓自己陷入情緒漩渦。雖然你不能完全繞過冒險有時會帶來的恐懼，但你可以學習如何克服，甚至可能在這個過程中獲得一些樂趣。

你比你意識到的更強大

很長一段時間以來，你可能一直認為冒險和高敏感不會混在一起。雖然你可能永遠不會成為勇敢的冒險家，但你擁有的獨特的認知迴路，能讓你成為一位聰明的冒險家。你的 STRIVE 特質可以幫助你以冷靜、謹慎的方式應對風險，從而獲得更好的結果。請將以下幾點納入你的思考中：

- **用直覺來協助進行風險分析**。感覺並非站在邏輯推理的對立面；相反的，他們為此提供了必要的支持。關鍵是要同時使用你的「周密思考」和「豐富情感」，而不是讓一個凌駕於另一個之上。
- **重要的事才值得冒險**。遵循你的「內在驅力」和「富責任感」來為對你個人有意義的事情冒險。研究表明，人們看重一項活動時就願意為之接受風險，甚至會將冒險這件事看得很重要，因為這被視為一種奉獻。
- **將洞察力視為重要工具**。你的「敏銳感受」和「高度警覺」意味著你處理與合成的輸入資訊會比一般人多。放下所有揮之不去的疑慮，並記住，你的 STRIVE 特質使你在情緒商數、發現模式和連結他人所遺漏之處等方面具有優勢。

在我撰寫這本書時，我們已然知道承擔風險是不可避免的。雖然世界正深陷新冠病毒大流行，不過它的模棱兩可和不確定性，也讓高敏感鬥士們有機會在日常環境中練習擁抱未知。我社群裡的無數成員都說到，這段時間幫助他們發現了他們本來不自知的力量，而我確信的是，他們目前所承擔的風險，正在幫助他們的機智、韌性和自立能力來到新的水準。每當你閱讀本書時，請知道你可以做同樣的事情並獲得類似的結果。並提醒自己，冒險也會創造出你預想不到的機會，或難以預料的偶然驚喜。例如幾年前，我參加了一個備受矚目的社交活動來宣傳我的業務。那時我剛投入我的教練實踐工作，所以對於和更成熟的企業主建立聯繫感到緊張，但在那次活動中我遇到了布萊恩，他最終成為了我的未婚夫。

行動策略：嘗試困難的事情

所謂「困難的事情」可能是你害怕做的事情，因為你擔心失敗或不知人們會怎麼想；也包括任何你所知有益於你，但你正逃避或沒時間去做的事。

我的客戶會透過自願參加一些並非自身專業的項目，或者在想法尚未完整之前就在會議上發言，來實踐這個行動策略。你也可以嘗試看看工作以外的難事，要知道，信心是能夠轉化的。在沒有「勝利」的衡量標準或參考框架下追求某些事物，你就比較不會將自我價值和成就聯繫起來。科學證明，處理低風險但困難的任務可以提高專注力、決心和情緒彈性。因為沒有外部的激勵，你更需要建立內在的力量。

做困難的事情，不僅讓你更有可能實現你的目標，而且也能夠：

- 讓你有信心，並知道你可以撐過恐懼與拒絕。
- 為讓你相信自己總會失敗的認知扭曲提供反證，並向你展示結果可能比你想像的還要好。
- 重設大腦的恐懼中心，杏仁核，減少它被觸發的頻率。

於是乎，**即使沒有得到你想要的結果，但你的內心（和身體）開始相信：你可以與恐懼同行並採取行動**。每次你允許自己冒險並體驗一種不愉快的情緒時，你都在拓展你容忍不適的能力，並學會以不同的方式與它相處——更加平靜和真誠，而非抗拒和迴避。這聽起來可能很蠢，但這種方法背後有著科學依據：讓自己置身於壓力環境中，最多可以減少百分之九十的恐懼感和迴避反應。自己選擇面對這些情況，而不是讓外部世界強加給你，這既能增強你的能力，也能讓你覺得自己有能力應對未來的困難並抓住機遇。如此一來，當你發現自己真的處於不可預測或高壓的情況下時，你早已熟練運用直覺並採取果斷行動。從最深層的意義上來說，嘗試困難的事情有助於重塑你的自我認同。隨著你持續冒險並延展自我，你會從原本認為自己軟弱、脆弱，變得開始相信自己擁有能力、足以成功克服挑展。你不再餵養腦中那些告訴自己「你做不到」的聲音，而是開始強化那些會提醒你「你做得到」的神經網路。

✦可嘗試的困難事

本章中的有效練習，將幫助你列出一份要獨力嘗試的困難事項清單，但這裡有一些想法可以幫助你開始：

- 午餐時，點一道沒吃過的新菜
- 早一小時起床，為你的目標努力
- 一整天不花任何錢
- 寫一封電子郵件給你欣賞的人
- 在週末進行一場有挑戰性的徒步旅行
- 報名參加一場艱難的障礙賽

✦卡關解方

一、**駕馭「還沒」的力量**。不是做不到，只是還沒做到。「還沒」這個詞小而強，它能幫助我們切換到成長心態，並幫助我們承認：專精也是需要時間的。也許你還沒吸引到理想的客戶，但你可以在他們常去的地方進行行銷。當然，你可能還沒習慣在會議上說出自己的想法，但只要採用正確的策略，你就可以做到。請持續下去並致力學習。

二、**嘗試「咖啡挑戰」**。下次你去你最喜歡的咖啡館時，試試產品行銷新創公司SumoMe的創始人諾亞・卡根（Noah Kagan）的建議：「去櫃檯點杯咖啡（或水或茶）。然後問問能否打個九折。大多數人都會找藉口。『哦，我才不怕，這算什麼難事！』『哦，我不需要折扣，我有的是錢。』但是如果你能夠持續去問咖啡能否打九折，我保證你會發現一些連你自己都訝異的內在面。」

三、**記住十／十／十法則**。當失敗的可能性近在眼前、近到已震住你時，問問自己，從現在起十個禮拜後、十個月後或十年後，對於這次冒險的決定會有什麼感受。

你的回答能夠幫助你正確看待事情，並凝聚你邁步向前所需要的勇氣，無論冒險結果的成敗如何。

落實行動策略：潔西卡

早在潔西卡嘗試調整公司經營策略之前，她就已經開始和我試著做些「困難的事情」，起初她很猶豫，試著冒險對她而言是件超級費時的事，因為她總是容易陷入過度分析。我請她試著放下一開始的自我懷疑，轉而聚焦在點子的腦力激盪上，先從她做起來笨拙到好笑但又與她的專業聲譽無關的事情開始。潔西卡說自己就是不會畫畫，並開玩笑說，和家人玩繪畫遊戲時，沒有人願意和她一組。我問她在畫畫方面有什麼低風險的可行項目，她說：「我的朋友一直邀請我去參加一場繪畫品酒夜，但我始終覺得太難為情了。」隨著她說出這件事，潔西卡就意識到這是一個明顯的起點。她終於在畫架前坐下，即使她的畫和老師畫的絲毫不像，但她還是克服了緊張，甚至還和閨密們玩起了玩笑。

在我們下一次的會談中，我讓潔西卡在下個月裡再選擇四件困難的事情來嘗試——兩件用於個人生活，兩件用於職業生活（你也將在本章的有效練習中嘗試到這個方法）。在個人方面，她選擇去學防身術，並帶孩子去主題樂園坐雲霄飛車（她通常對此離得遠遠的）。在專業方面，她接受了邀請，在一個面向年輕拉丁裔專業人士的播客中接受有關她職業生涯的採訪，並在她辦公室對街的咖啡館裡嘗試了諾亞・卡根的「咖啡挑戰」。這些事情對她而言都並不輕鬆自在，但是在她每完成一項之後，她都會有種強烈的感受，知道自己正在朝著更勇敢的自己邁進。

與此同時，為了對公司運營方案提出建議，潔西卡不僅考慮了公司的未來，也反思了自己的職業道路。過去她和公司一同成長，在她想著如何處理實體銷售的下滑趨勢並使電商業務更具競爭力的同時，她也試著規劃自己的下一步，畢竟她的生活已愈發平衡，且有了更多的呼吸空間。這是件傷腦筋的事，但她意識到，如果要取得成功，她和公司都可能需要轉型，而且她要為自己的職業生涯做準備。

不久後的一天晚上，在潔西卡協助孩子做功課時，她有了個主意。何不讓公司提供服飾訂閱服務？它能提供經常性收入以增進在線銷售，並且符合為消費者提供更環保選擇的產業趨勢。此外，他們可以將實體店當作取／送貨點，從而充分利用公司現有的房地產。這個概念對潔西卡來說是一個直覺上「棒呆了」的想法，所以她知道這是值得去做的，但她也意識到，服飾訂閱制不僅會給公司帶來資本和股價上的風險，同時也可能危及她的專業聲譽。

由於這不是一個無關緊要的提案，如果她最終要執行計畫，她需要讓關鍵團隊站在她這邊。她為此與同級的首席行銷官和首席財務官討論，他們都認為這個想法可行，卻也善意地提醒她將該案提交給領導層的潛在成本。不過由於她這一個月來持續嘗試困難的事、刻意練習一些小小的冒險，讓潔西卡更能夠忍受勇往直前的恐懼，即便她沒辦法事先做到全知，也不曉得這個提案會帶她到哪裡去。

大約兩週後，潔西卡向執行長提出了這個概念。起初他持懷疑態度，但潔西卡用數據、行業趨勢和其他團隊的支持為她的提議背書，所以他願意給潔西卡幾十萬美元來運行一處概念店。提案獲得放行固然很棒，但潔西卡更為這段相信自己的過程以及得以一窺自己未來職涯模樣而感到欣喜若狂。在她努力使服飾訂閱服務獲得施行的過程中，儘管過程混亂不少，但她仍時刻留心工作效率並維持過去建立的良好習慣與界限。她也持續定期做一些小小的、低風險的冒險嘗試。她意識到，這有助於她在恐懼時刻與自己建立更深層次的聯繫，並培養出追求想要的東西而不犧牲自身想法和需求的能力，而這些都會轉化成她工作上的助力。

✦更快做出更好的決定

聰明冒險是為了做出有效決策，但研究表明，過度思考會導致決策速度變慢也更不敢冒險。你可以參考第五章的內容來協助你克服一般的過度思考，但在涉及到風險時，以下幾點可以幫助到你：

一、**預測潛在影響**。人們總是容易把每個決定都看得太過重要，認為失敗總是源自一個錯誤的決定，但事實上大多數的決定並非如此——它們可變、可逆，即便事情不成，你也增長了智慧。此外，有些決定值得仔細考慮，比如是否要重回校園取得新學位；而些則不值得，像是瑜伽教室的會費該年繳還是月繳。在你下決定之前，先寫下你生活中的哪些目標、哪些優先事項、哪些人可能受到影響。這能幫助你區別出什麼才有意義、什麼不值得執著。

二、**專注關鍵目標**。試圖權衡每一個可能的結果和算計只會讓人什麼都做不了。為了抑制資訊超載，問問自己，在我最希望實現的三到五個目標中，我的單一決定，會對哪一、兩個產生最大的正面影響？在我能夠取悅或使之不悅的所有可能人物當中，我最不想讓哪一、兩個人失望？

三、**給自己一個最後期限**。為你的決定設定一個日期或時限，來樹立當責心態與創作限制。你可以把它記在行事曆上，或在手機上設定提醒，甚至跟等候你做決定的人說一聲，告訴他們你預計何時回覆。利用的你「富責任感」來提醒自己。

四、**製造突發事件**。這就是你的全面洞察能力派上用場的時候。使用「如果／那麼」的句式，來規劃不同類型的結果。例如，如果我發現自己在逃避寫作，那麼我會關掉Wi-Fi，去散步五分鐘來調適自己，或者答應自己就寫一百個字，完全不管內容。

（（有效練習））

「勇敢說是」實驗

以更開放的態度來面對風險，能讓你從對它避之唯恐不及，轉變為敢於擁抱接納，並將之視為創造理想生活的關鍵。在這個潔西卡也做過的有效練習裡，你將自行構思屬於你自己的實驗版本，在接下來的一個月裡，對有助於你成為更好的自己的小小風險，勇敢說「是」。

做法

一、**選擇下個月要嘗試的四件難事**。挑兩件在工作以外、與個人生活相關的難事，以及兩件與你職業生活相關的難事。你對所選的事情仍有最基本的準備與資源，但它們也會讓你覺得和你目前的日常生活有一些距離。請確保這些風險簡單明瞭。

二、**將它們排入行程**。在接下來的這個月裡，一週只做一件難事。時間安排上稍微留意，盡量讓自己在情緒／心智頻寬較高的時候來進行這些難事。比如說，在你工作到很晚、歷經漫長而忙碌的一天之後，就別再強迫自己去參加累死人的健身班了。

三、**轉變為行動**。使用本章「卡關解方」中的提示，來解決當下出現的任何恐懼和抵抗。

四、**反思過程**。在你完成每項任務後，探索以下幾點：

- 開始嘗試前感覺如何？專注於你身體的特定情緒、想法或感覺。
- 嘗試過程中有什麼感受？記下你身體、精神或情緒狀態中發生的任何變化。
- 你從這次經歷中學到了什麼？包括關於你的決策過程的觀察，或關於你的閃耀時刻和成長領域的資訊。
- 你會如何再進一步？即便過程可能艱難，但你可以從這些經驗中汲取哪些積極意義和教訓，從而使你的職業生活變得更好，反之亦然？

「勇敢說是」實驗

（潔西卡）

	第一週	第二週	第三週	第四週
我要放心嘗試的事	參加繪畫品酒夜	在主題樂園坐雲霄飛車	在別人的播客上就我的職業生涯接受採訪	在辦公室對街的咖啡店嘗試咖啡挑戰
我在事前的感受是	嚇呆了！從上車到開車前往的途中我能拖就拖。然後，當我在畫架前坐下時，我幾乎要衝到門邊逃跑。	不安又開心。孩子們很高興能和我一起去樂園搭雲霄飛車，但一想到被人以一小時一百五十英里的速度翻來覆去就感到不安。	一個字：呃。我不喜歡談論我自己。我必須得到人力資源部的批准，所以當我看著訪談者寄來的問題時，我擔心自己沒有辦法很好地代表自己或公司。	當美樂蒂第一次告訴我這件事時，我畏縮了一下，並產生了強烈的厭惡反應（「你想讓我幹什麼啊？」）。
我在過程中感受到	起初，我擔心朋友們會嘲笑我的繪畫技巧。 大約十五分鐘後（喝了點酒），我變得不那麼專注在自己身上，而是更專注於和朋友聊天，享受夜晚。	事情發生得太快，幾乎沒有時間思考，這是件好事。實際上，這段經歷令人興奮，給了我一種刺激。後來我覺得有點反胃，但還是很高興我這麼做了。再加上，沒有什麼比孩子們臉上的笑容更迷人了！當天稍晚，等我的胃平靜下來，我們又坐了一次，不像第一次坐之前那麼害怕了。	當我談到我所取得的成就時，我覺得自己在吹牛，但在談到領導實體店擴張後，我的信心大增。另一方面，談論錯誤總是很困難，但將這些事說出來讓我意識到我已經克服了許多。	當我向收銀員詢問我的拿鐵能否打九折時，她斜著看了我一眼，然後去找她的經理。我感覺全身都在冒汗，好像要吐了。

	第一週	第二週	第三週	第四週
我學到了……	一、即使我不擅長某項活動，我也還是能從中找到樂趣。 二、每個人都更關注他們自己而不是我。大力自我批評只是在浪費力氣。	我學到的最大的一課是我能面對我的恐懼。我帶著一種成就感和自豪感離開。我也了解到，有時情況超出我的控制，而且發生得很快，但我仍然可以處理它，並感激這段旅程。	我很高興自己能成為年輕專業人士的榜樣，我不知道這對我很重要。我沒有把每件事做得盡善盡美，不代表我不是個好楷模。我對自己的自豪感到驚訝。	經理說打折違反店內規定，但你知道嗎？我不在乎，因為我做到了！我沒有因為請求遭拒而損害了自信。我堅強地站著，微笑著說:「無論如何，謝謝你！」那是一個充滿力量的重大時刻，也證明了我在看重自己方面有了多大的進步。
我打算如何繼續進行	一、這促使我思考如何讓我的界限與價值觀更深層地發揮作用，找尋我生活中陪伴與連結可以改善之處，特別是在家庭裡。 二、通常，當我在領導會議上發言時，我非常擔心執行長和其他高階主管會分析我所說的每一個字。事實上，他們也都在想自己的，所以進一步說出我的想法並沒有那麼冒險。	現在的工作中有許多情況是我無法控制的，所以這是一個很好的練習，讓我去適應在我周圍以光速發生的事情。顯然對我來說，反覆進行能讓克服恐懼變得更容易，這會是我在工作上規劃運營計畫時需要用到的原則。	我一直在公司的幕後工作，但也許我應該考慮在整個行業提高我的知名度。其他公司高階主管經常在商業播客上發表看法，下次有機會，我會自願參加。	我可以要求更多！在我的職業生涯中，我只是接受別人給我的，只要求足夠的事物。這讓我明白，嘗試並無害處，因為我可能聽到的最壞消息只是「不」，而我可以重新振作起來。

「勇敢說是」實驗

(　　　　　　)

	第一週	第二週	第三週	第四週
我要放心嘗試的事				
我在事前的感受是				
我在過程中感受到				
我學到了……				
我打算如何繼續進行				

12

大膽發言，堅定立場

當我相信自己、並盡可能地做自己時，我的生活自會反映出來，一切都會輕鬆地、甚至常常是奇蹟地按部就班。

——夏克蒂・高文（Shakti Gawain）*

隨著時間來到夏天，第八章中的凱瑟琳，在個人和職場方面都有持續且顯著的成長。她透過新的經理課程重新思考了她與團隊合作的方法，並會見了其他幾位新經理，即使課程已經結束，她也經常向他們諮詢想法和建議。透過我們的教練課程，她更能控制自己的「豐富情感」特質，能夠少些阻力、更加專注於自身的進步。凱瑟琳在她的日常工作中融入的一項技能是認可和讚美他人——包括馬克——她注意到他的態度因此有了轉變，儘管他偶爾仍會在會議上發表尖刻的評論。

她對職場文化委員會的努力也取得了進展。凱瑟琳在為新員工入職設計的精美「公司歡迎禮包」上有所發揮，這讓她在執行長面前有了更多的曝光機會，整體來說也更加受人矚目。凱瑟琳的工作成果使她成為新進員工的導師——一位善於激勵他人並將他們團結在一起的領導者。這也讓她相信，在意想不到的挑戰出現時，她能很好地應對。

現在，凱瑟琳正準備進行年中績效評鑑，這意味著她將收到來自貝絲的評鑑，而她則必須負責評鑑馬克。這些評鑑會談以前總是讓她緊張，不過她知道貝絲是一位非常支持自己的

*夏克蒂．高文，美國作家，著有《每一天，都是全新的時刻》（*Creative Visualization*）。

主管，而自己也勢必得與馬克談談她始終避而不談的態度問題。凱瑟琳為自己的評鑑準備了一份成就清單，其中包括去年底成功推出網站以及她在職場文化委員會中正在進行的工作。在她的評鑑會談中，貝絲認同凱瑟琳在過去的六個月裡有所成長，並且指出，她為凱瑟琳能夠如此迅速地承擔新的職責而感到自豪。在自評項目中，凱瑟琳報告說，自己需要改進的其中一方面，是要學會如何管理難相處的人，也就是馬克。貝絲問她，是否曾與馬克談過去年網站的啟動。凱瑟琳解釋說，她打算在評鑑期間與馬克談談他的整體作為，因為就在前一天，馬克在他們進行的用戶訪談總結報告中遺漏了其他團隊成員的名字。儘管馬克比其他人進行了更多的面談工作，但產品和行銷團隊的成員提供了巨大的幫助，值得稱讚。貝絲同意這是個不可錯過的機會。

兩天後就是馬克的評鑑會談，凱瑟琳思考了一下，她意識到身為他的經理，她的部分職責是確保馬克成為團隊的一員，同時告訴他，他需要提高他的人際互動技巧以及協作方面的努力。凱瑟琳擔心評鑑會談上可能會有些衝突，但她與貝絲的談話讓她意識到，更加拿出魄力這點，對她自己的成長和進步至關重要。雖然凱瑟琳在想像會談的各種結果時熟悉地感受到自己的「豐富情感」掀起波濤，但她已能承認自己感到不安，然後駕馭住它，用它來激發自己以圓滑手腕來處理她與馬克之間狀況的決心。

就像凱瑟琳一樣，在整本書中，你已審視自己過去的感受和行為方式，決定了要如何以不同的方式來看待世界，並揭露自身的更多面向。遺憾的是，僅僅更好地了解自己是不夠的；你必須在面對職場與他人之不可預測的同時，依舊能夠表達你的觀點，為自己發聲。到目前為止，你可能會擔心說出自己的想法或是堅定傳達自己的感受、需求或信念，會讓人覺得脾氣差、討人厭。但拿出魄力是一種堅守立場並以信念和同理說出你想法的方式。你可以做到的最關鍵轉變之一，是轉換思維方式，從過去認為魄力具有攻擊性、侵略性，轉而將之視為你表達自身目標、界限和需求的第二天性。

在我過去十年與高敏感鬥士的合作中，魄力是最最重要的技能之一，它能夠向外在世界展示自信、幫你培養出支持你的抱負與內在我的生活。不論你是要在會議上提出想法、尋求加薪或新機會、向上管理，或是和家人與朋友建立界限，你都必須知道如何讓自己的想法被聽見，並以得體言談與專業精神站穩立場。最重要的是，你要學著發揮你與生俱來的溫暖、愛心與關懷等 STRIVE 特質，建立起有力的溝通方式。

說出你的眞心話

有魄力的溝通，就是要在咄咄逼人和消極被動的兩個極端之間找到中間立場。它和以下幾點有關：

- **堅定自身立場**。拿出自信、站穩地盤並在需要時反擊，這需要你足夠重視自己以提出自身想法，即使要冒著別人不喜歡它們的風險。
- **客觀處理情況，尊重他人的觀點**。清晰而簡潔地為自己發聲，意味著你可以以低壓力、不灑狗血的方式解決分歧，從而保持你的「豐富情感」和「周密思考」的平衡。
- **在可能的情況下尋求雙贏**。按照你的價值觀正直行事，無論你是否能如願以償。

讓團隊聽從你的意見

- 消極被動：等別人提出第一個建議，然後簡單地同意，而不是

怎樣才算「有魄力」？

消極被動	有魄力	咄咄逼人
容易被說服	重視自己與他人	敵意
隱瞞自身情緒	簡潔明瞭的表達	不顧他人感受
不設防的界限	有彈性的界限	死板的界限
無力	覺察情緒同時保持平靜	隨著權力膨脹

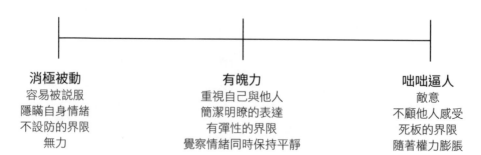

提供其他想法。

- 有魄力：承認同事提出的優點，加上你的觀點，並以事實為依據。
- 咄咄逼人：把你的想法表述成團隊必須採納的想法，然後不緊不慢地分配任務。

要求加薪被拒後的做法

- 消極被動：嚥下你的失望，然後說：「哦，那很好，但是回家把這件事發洩出來。」
- 有魄力：確定具體的目標和目標，這樣你在以後重新考慮薪資要求時可以回顧一下。
- 咄咄逼人：告訴你的老闆，你要開始找一份待遇更好的工作了。

管理一個表現不佳的直屬部下

- 消極被動：熬夜到凌晨兩點糾正他們的錯誤——不要在下次的一對一對話中提及任何事情。
- 有魄力：說明他們的工作是不可接受的，並說你想幫助他們克服障礙以達到要求。
- 咄咄逼人：像《征服情海》的主角傑瑞一樣，質問他們為什麼如此無能。

就像你嘗試平衡你的 STRIVE 特質一樣，你也正試著在魄力溝通的蹺蹺板上平衡自己。好消息是，一旦你找到了這種快樂的平衡點，你的魄力就會為你打開更好的新機會。除了提升自尊和幫助你避免倦怠過勞之外，魄力還可以為你贏得尊重、影響力和更大的權威，從而使你的職業生涯受益——所有這些都可以為你帶來職涯上的進展和更高的生活品質。此外，每次你勇敢說出自己的想法時，都是在為他人樹立榜樣，營造出有心理安全感和當責的文化，讓其他人感到自己有權發表意見而不必擔心遭到報復。

行動策略：完善溝通三重奏

魄力溝通和行事需要練習、覺察與定期調整，不過一旦你找到了適合你的平衡點，你就朝著在任何情況下都能贏得尊重的方向又邁進了一步。以下是一個由三部分組成的模型，你可以運用它來冷靜、清晰和直接地傳達你的訊息：

要做什麼（你採取的行動）

- **採取主動**。在問題失控前解決問題，並提供前瞻性的解決方案。

- **提出明確要求**。你想要的，清楚陳述；你需要的，明確要求。不要指望別人會讀心術。
- **以開放的心態聆聽**。總結並澄清，以便確認你的理解是否正確（比如，所以你說的是……我的理解對嗎？）。
- **表揚並強調正向的作為**。記得告訴對方他們做對了什麼，事情進展順利時也要表達你有所注意。

要說什麼（**你的訊息內容**）

- **提前寫下五個要點**。談話前先寫下預期對話流程的關鍵項目。這只是引導提醒用，不必逐字逐句地編寫腳本。
- **捨「我」其誰**。使用「我－陳述」（I statements）

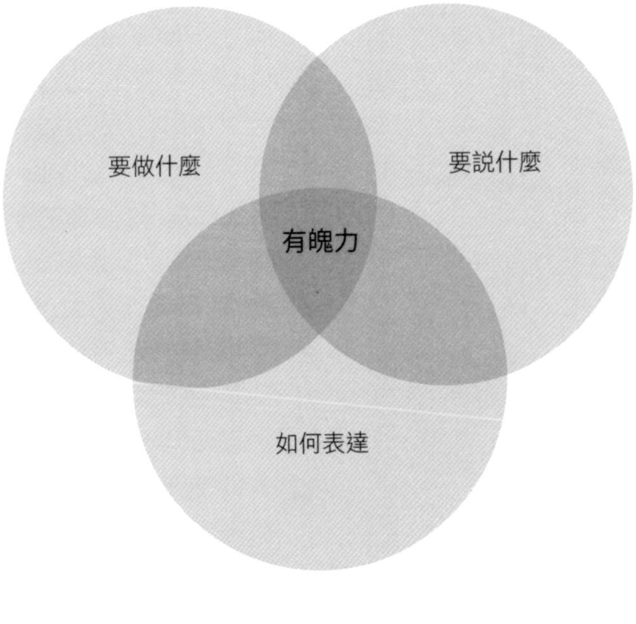

這樣的第一人稱陳述方式，像是當……時我的反應是……，以及我在想的是……。

- **說話明確而簡潔**。減少文字可以強化你的訊息，因此請以核心觀點為主幹，修剪掉多餘的細節或不必要的解釋。
- **刪除開場白和修飾語**。比如以下短語：這可能不重要，但……／我知道這聽起來很傻，……／也許我搞錯了……／希望你不要難過……，以上這些「委婉表達」都會破壞你的訊息。

要如何說（你的身體語言和表達風格）

- **保持平靜語氣和平穩節奏**。說話的聲量要讓人們清楚聽到。運用沉默來暫停，整理你的想法，也能讓對方有機會吸收你所說的內容並做出回應。
- **站姿或坐姿保持平衡、直立**。假裝頭頂上有根繩子，雙臂保持開放或放鬆向下（不要交叉雙臂或捲自己的頭髮），並保持良好的眼神交流。
- **留意當下發生的事**。注意對方肢體語言的變化並尋找不一致的地方。例如，這個人是否對你說的話感到驚訝？或者他們是否邊搖頭邊說「是」？
- **根據情境做出明智選擇**。考慮選擇傳遞訊息的時間和媒介（電郵、面對面、電話、私訊等）。

從本質上講，魄力需要的是你足夠尊重自己，去相信自己的直覺並據此過好自己的生活。每次當你願意表達出什麼東西對你很重要時，你都會向你的大腦強調：你自身的願望是重要的和有價值的。

✦卡關解方

一、**多試一次**。你想表達的內容可能沒辦法第一次就說對，可能是時機的問題，或者在你想說出自己的想法時僵硬到不行。這一切不代表戰敗，你可以隨後用電子郵件重申你的想法，在你重新組織想法後要求再面談一次，或者抓住另一個時機點來提出想法。

二、**精選戰場並調整風格**。允許他人有一兩次的懷疑空間，但如果這種行為變成一種固定模式，就該為自己發聲。風格的調整取決於你的談話對象，如果面對的人粗魯、有敵意，你也必須更有侵略性一些。如果面對的是上級，則可能需要稍微傾向被動、恭敬。

三、給自己多點時間思考。如果事態在談話過程中逐漸升溫，不妨要求多點時間來讓你思考下一步。例如，我很重視我們的工作關係，希望能確保自己給你最好的答覆。可以給我一天的時間想一想嗎？我們可以把這個列入下週會議的議程嗎？

四、勇敢面對哭泣。承認你的反應勝過試圖隱藏。妳可以說，如你所見，我對此非常投入，這就是我有情緒反應的原因。

✦霸氣說出來

別這麼說		要這樣說
你總是到了最後一刻才把事情丟到我頭上。	→	我覺得不知所措。你在截止期限前三小時才跟我要素材。
是，我能做到！	→	我知道這很重要。我先確認我的優先事項，看看有什麼可以調換順序或先排除掉。

你能報告一下會議內容嗎？	↓	我需要你報告一下會議內容。
繼續下一步你ＯＫ嗎？	↓	除非有其他具體問題，否則我就繼續進行了。
就只是想確認一下。	↓	我希望在本週末前有進一步的消息。
噢，我很抱歉沒改到那個錯字！	↓	抓得好！感謝你發現這一點。
但願這樣你能理解？	↓	你有什麼疑問嗎？
我又在瞎扯了。	↓	我是個「語文處理者」*，很感謝你讓我把這件事講完。

落實行動策略：凱瑟琳

在我們的接下來的諮商中，凱瑟琳和我制定了方案，她可以如何使用溝通三重奏，在馬克的績效評鑑中有魄力地向他提供意見。但在我們談論戰術之前，我們需要解決她的心態問題。

*編註：verbal processor，一種認知風格，習慣邊說邊想，透過語言來釐清思緒。

起初，凱瑟琳擔心批評馬克會導致他怠工報復，但透過我們的討論，她開始明白隱瞞回饋意見只會更糟，實際上對馬克也並不公平。她之前並不清楚自己的期望和可能的後果，但現在她已經知道，如果不現在告訴他、如果他不改變自己的行為，將會對整個團隊產生負面影響。

當我們談論到「要做什麼」來傳達她的訊息時，凱瑟琳意識到她需要重新安排馬克的評鑑會談的時間，以避免在他們與團隊最大、最重要的客戶舉辦重大會議前進行。她不希望他們操之過急，她也知道她和馬克可能都需要時間來處理他們的談話。在重新安排會談的電子郵件的末尾，她說她很期待談談馬克的好成績和其他進步空間，所以沒有意外。

在「要說什麼」方面，凱瑟琳想要定下一個正向基調，因此她列了一串項目清單以確保談話過程保持正軌。當她和馬克坐下來談時，他們花了大約二十分鐘談論馬克的工作成就，在此期間凱瑟琳提到她所注意到的，讚揚了馬克，並特別指出了他為團隊做出貢獻的所有方式，之後才討論他的弱點。她開場說：「身為你的主管，為你指出可以加強自身技能與專業成長的領域，是我的重要工作。這就是為什麼我接下來要跟你分享這些可能不太好聽，但會對你有幫助的回饋。我也希望能夠知道你的看法，並且一同制定行動計畫。」凱瑟琳坦承，她過去的消極被動可能導致了彼此關係緊張，因此她補充說，「我們也可以談談我可能如何導致了這樣的問題，以及我能夠如何更好地支持你。」

接著，凱瑟琳為馬克列出了兩個關鍵的進步空間——人際溝通和協作。凱瑟琳首先描述為何這兩塊領域對他們的團隊合作和公司都很重要。在列出了每項能力的含義後，凱瑟琳轉向具體情境，並提到了幾天前發生的情況，她說：「當我看到訪談總結報告時，我注意到上面只有你的名字。從現在開始，我希望你在流程中加一個檢查點，以確保每個人的工作都充分得到認可。」

完成後，凱瑟琳轉換到傾聽模式。她問馬克，「你對我分享的回饋有什麼看法？」

馬克交叉雙臂，向後靠在椅子上，皺著眉頭。「你知道，我不高興。我真的不認為你說的有道理。」

在過去，凱瑟琳可能會在結結巴巴或口齒不清地收回她的一些意見，但這次不一樣。她能夠堅持自己的立場並重申她的權威說：「我能理解你為什麼感到沮喪，但我的部分責任是盡我所能，評估每位團隊成員的表現，並指出我在哪裡看到有機會改進。所以，雖然我知道聽到批評是件很討厭的事，但我仍然需要你做到我概述的期望表現，我們可以接著討論讓實現這件事的計畫。」

馬克嗤之以鼻，移開了視線，而凱瑟琳一直盯著他，等候他的回應。經過三十秒的沉默之後，馬克嘀咕說他需要一些時間來想一下這個計畫。凱瑟琳繼續執行我們討論過的步驟，用平靜的聲音說她能夠理解，並請他在下次一對一會談時說說他的想法。之後馬克走出房間，門在他身後砰地關上。凱瑟琳大大地鬆了口氣。雖然事情還沒有解決，也不知道自己和馬克之間能否達成妥協，但她為自己在緊張的情況下保持冷靜，採取讓自己站穩立場的行動策略而感到自豪。她知道，有過這樣的成績之後，下次遇到像這樣的情況時，她就能更加自信。畢竟，衝突不可避免，但她不必每次都為之擔心受怕。

✦說出心聲，做出行動

謙虛地誇耀自己

○**為你和／或你的團隊寄出每月關鍵成果概要**。以感言或其他讚美的形式呈現，聚焦於能夠量化你們的成就與社會認同的數字。

○**在你和主管的一對一會談議程中加入「成果」的部分**。而如果你是領導者，展開團隊會議前，可以請每位成員各自分享一個上週的主要成果。

○**建立智囊團**。定期回報你的導師，讓他們知道你是如何施行他們的建議。或者找一位願意聽你自吹自擂的工作夥伴，並以助他發光發熱做為回報。

○**展露你的專業能力**。提議為其他職員舉辦午餐講座活動（Lunch And Learn），或者指導一名初級員工。

在會議中做出貢獻

○**提早入座**。利用額外的時間建立融洽的關係，並透過低調的談話來熱身。

○**在最初的十到十五分鐘內表達意見**。一旦你貢獻了一個想法或點子，你就會感到更加放鬆和積極。

○**運用 PREP 框架**。簡明扼要地提出一個觀點（Point），用一個理由（Reason）來支持它，並為之提供證據（Evidence），最後重申你的觀點（Point）。

○**提出能引發進一步討論的問題**。例如你可以說，理想的時程表會如何安排？我們會如何處理這個問題？

親切地說不

○ **在請求與你的接受之間保留空間**。在承諾之前，請習慣說「我得思考一下」，或者「讓我確認一下我的行事曆，讓我們先談談我們如何才能做到這一點」。

○ **提供替代方案**。如果期限不合理，你可以說「雖然我很樂意。但現實層面上，我能在時間範圍內做到的是這些事情」，或者說「我需要這些資源來讓這些事變得可行」。

○ **用感激代替道歉**。把「對不起，我做不到」，替換成「謝謝你想到我」。

○ **說明對方在什麼條件下能夠請你幫忙**。試試看這麼說，「我的工作日程已經排得滿到沒空午餐／喝咖啡了，但我能預期我們可以一起解決這個問題」，或者「我很樂意和你一起工作並協助你解決這個問題。讓我們討論一套合理的方案吧」。

要求加薪或升職

○ **種下種子**。正式提出之前先向你的主管提及，「雖然我的首要任務是在現職上表現出色，但我的長期目標是獲得晉升，我需要你的支持來為我的成功做好準備」。

○ **預測需求並主動解決問題**。了解你主管的主要優先事項，從中找尋你可以以有意義的方式做出貢獻的延伸任務。

○ **展示你過去的成就和你未來的計畫**。你的主管會想知道為你加薪升職能如何為公司帶來投資回報。

○ **要有被拒絕的準備**。拒絕不代表談判結束。找出你需要達到哪些目標才能獲得調薪。

優雅地接收意見

○ **不要立即制定防禦方案**。即使你最初的反應是受傷或憤怒，先深呼吸，感謝對方的意見，並詢問具體的例子。

○ **準備好關於自己的問題**。我最喜歡的兩個問題分別是「那有什麼表現良好的地方嗎？」以及「那我下次嘗試時，你會給我哪兩個建議？」

○ **請對方給你一點時間來消化意見**。在你收到嚴厲意見的那一刻，你可以說「很謝謝跟我分享了你的擔憂，我想整理一下我的想法，以便盡可能給你最好的回覆，方便下週再重新談談嗎？」

○**理解一下**。將意見拆解為三個部分：一、他們說了什麼（實際所說的內容，不添加解釋）。二、這意見哪裡說錯了（用來宣洩你的挫折）。三、這意見有哪些地方可能說對了（這樣就不會錯過意見中有價值之處）。

（（ 有 效 練 習 ））

自信迎擊

你大多數的同事、朋友和家人，都會對你新發現為自己有效發聲的能力予以肯定，但也有些人可能會變得沮喪或生氣，尤其是如果你過去過於包容他們的話。在這個練習裡，你將練習在對方不接納時做出回應，以便你可以更有信心地與他們面對面交談。

做法

一、**找出你需要進行的對話**。情境可能包括對方跨過了你的某些界限，比如你所在意的某些價值觀，或者對你重要的目標。

二、**整理一下要做什麼、要說什麼、要如何說**。你不可能總是提前做好準備，但在你能有意識地規劃自己的表現時，就要好好把握這樣的機會。

三、**進行對話**！鼓起勇氣，讓它發生。

四、**回應對方的反彈**。當對話開始變得激烈時，挑一個下面的技巧來試試。

- 積極傾聽：給予對方認同並嘗試理解他們的觀點，透過重新闡述來做到這一點。比如，*我的理解是，你對會議的進行方式並不滿意。對嗎？*或者提出開放式問題，例如，*你對我所說的話有什麼想法？我能夠怎麼做來支持你？*
- 以可行的折衷方案為目標：提供替代提議或解決方案，例如，*我們花一天時間考慮如何？我們如何取得一個對我們雙方都合理的數字？*
- 利用沉默：在回應對方閉口不言的挑釁時，先暫停三到五秒，就像凱瑟琳對馬克所做的那樣。
- 試試「壞唱片技巧」：用平穩、中性的語氣重複一個短語，比如，*我還沒說完*、*與這無關*、*我很樂意稍後討論*，或者*請不要那樣對我說話*。

五、**反思**。互動後，探究自己哪些地方做得好，哪些做得不好。

- 互動前、互動中、互動後，我的感受如何？
- 是什麼阻礙了我，以自己想要的方式，為自己挺身而出？
- 我該如何改進我的方法以更進一步？

自信迎擊

（凱瑟琳）

要做什麼

你不想要的行為	你想要的行為
在馬克評鑑會談的當天出差 對他如何在總結報告中遺漏了團隊署名避而不談	重新安排馬克的會談時間，避免太忙亂 強調馬克的貢獻 提前寄給他一份議程，以防萬一

要說什麼

你不想要的行為	你想要的行為
「我又在瞎扯了。」 「我這樣說還合理吧？」 「很抱歉給你這樣的意見。」	「你是團隊的寶貴資產。」 「你對我所說的有什麼看法？」 如果他生氣了，保持沉默

要如何說

你不想要的行為	你想要的行為
無精打采 逃避目光接觸	坐直，彷彿有塊木板貼著我的背 和他坐在同一側，而不是隔桌相望

談話大綱

開場

- 我希望這是一個雙向對話。

重點

- 強調其成就：去年客戶項目。
- 有兩個重點改進空間：人際溝通和協作。
- 其中一個相關且具體的案例，是本週稍早的資料中遺漏了團隊署名。
- 那件事發生時，我感到擔憂和失望。

結論

- 未來，我需要你留心每個人的付出都獲得表揚。
- 身為你的主管，我會為你提供真誠的回饋並協助你制定計畫。

自信迎擊

(　　　　)

要做什麼

你不想要的行為

你想要的行為

要說什麼

你不想要的行為

你想要的行為

要如何說

你不想要的行為

你想要的行為

談話大綱

開場

重點

結論

13

把挫折當做跳板

無波的海面是你找到平靜之處，但風暴才是你尋得力量之所。

——吉兒・溫特斯汀（Jill Wintersteen）*

在主題演講開始前的幾個禮拜，第五章的凱西懷抱著很高的期待，希望自己的表現能讓她在公司裡進到下一個成長期。她製作了一個很棒的簡報，寫了一篇令她引以為豪的全新講題。她在幾位值得信賴的同事面前排練，利用他們的意見調整講稿並預測觀眾可能提出的問題。最重要的是，她練習簡明扼要地說話，以消除這條意見帶給她的憂慮。會議當天，她望向會場的盡頭，吸了口氣，開始了她的演講。她的準備和沉著體現在每一個字裡，最終葛雷格告訴她，她已是十拿九穩的升職候選人。凱西很高興。

升職生效後約六週，凱西將招聘初級人才的工作移交出去，這樣她就可以專注於引進執行高階主管，這項高風險、高衝擊性的工作。凱西充滿活力地投入到她的新任務中。雖然任務深具挑戰，但她感覺這些新任務充分活用了她的關係建立技巧以及讀心的訣竅。兩個月後，凱西已準備好要向她的首位目標——一位可能的商業開發副總裁——提出職位要約邀請。凱西花了幾個禮拜的時間為職位候選人組織內部面試與會議，對方也已經表示如果公司提出要約，他會接受。凱西非常確定這位候選人是合適的人選，以至於她還向高層遊說，要求公司

*吉兒．溫特斯汀，位於威尼斯的身心靈品牌「靈性女兒」（Spirit Daughter）創辦人。

提供比候選人要價高出數萬美元的薪水。

當凱西拿起電話提出要約時，她興奮得幾乎頭暈目眩。但第一個麻煩跡象出現了，候選人聽到凱西的消息時，似乎沒有那麼激動。最終電話只講了五分鐘，凱西還安慰自己說，一定是致電的時間不太湊巧。直到第二天早上，當她收到候選人拒絕接受邀請的電子郵件時，凱西的心沉了下去。儘管她在接下來的一週裡持續給候選人打電話和發電子郵件，但沒有得到答覆，她最終不得不告訴葛雷格和執行團隊，他們必須重新開始物色人選。凱西感到自豪的是，她對第一名高階主管招聘失敗的恐慌感，不像幾個月前那麼強烈，但她仍然對未來的招聘讓她陷入困境感到沮喪。

當週稍晚，凱西正獨自慢慢整理著一份經過修訂的潛在候選人名單，卻接到太太從急診室打來的電話。她在浴室裡滑倒，摔斷了腳。凱西跑到醫院，發現妻子精神良好，只是腳上有塊巨大的石膏。她的腳得先打上石膏固定四個星期，然後換上步行石膏（石膏鞋）再固定四個星期。凱西的太太不會開車，這意味著她在上班和家務分擔方面需要協助。當週剩下的幾天，凱西都請了假來照顧妻子，但到了晚上，她都會熬夜工作，以求讓招聘計畫重回正軌，儘管她感到精疲力盡，動力也遠不如平時。到了週一早晨，她一邊盯著一連串要求更新的電子郵件，一邊護送她的妻子去看醫生，醫生強調她的妻子需要多休息。

整個情況讓凱西陷入了混亂。她在新職位上並沒有像她希望的那樣取得成功，而在家裡的責任又一下加重。儘管她已讓自己不去想太多，但當面對前方似乎存在著的巨大障礙時，還是深感無助和沮喪，她已經很久沒有這種感覺了。

無論是在家裡還是在工作中，挫折都會讓你偏離正軌，讓你覺得自己在整本書中取得的進步陷入倒退。但不要害怕——你可以靈活且創意應用你已經學到的工具，從源頭上解決挫折，無論它是大是小，來自內部或外部。透過**重申對自己的承諾，並善用你最佳的 STRIVE 特質，你就能應對任何遭遇到的變化球**。

絆了一下不是摔倒

雖然挫折對每個人而言都很艱難，但高敏感鬥士的生理和心理，會讓你特別容易受到內心動盪的影響，這種動盪通常伴隨著意想不到的和具有挑戰性的情況，例如：

- 期望與現實的巨大差距

- 失去動力
- 疾病或健康問題
- 因工作和生活忙碌而情緒疲勞
- 界限失守導致超出自身負荷

正如你在本書中所了解到的，為了更上層樓，你需要積極管理自己的STRIVE特質，這比從挫折中恢復過來更重要。一旦你認同自己需要一個專門的框架來詮釋、處理以及從挫折中前進，一切都會變得更容易。畢竟，要實現自己的抱負並成就偉大，本就艱難。當你承擔更多的風險，堅持自己，並繼續為自己的成功制定道路時，你將不可避免地遇到逆境。玩得愈大，冒的險愈多，就愈需要為低谷做好準備。而當令你恐懼的情況浮現，承認自己的現況，在某種程度上就是為將自己帶出恐懼這件事負責。好消息是，透過調用你已經學到的技能並相互搭配，就可以找到解決方案。

在我們繼續之前，讓我先澄清一點：挫折並不等同於失敗，儘管到目前為止，在你生命的大部分時間裡，你可能將兩者等同起來。當你認輸並放棄時，當你別無選擇時，失敗才會發生。

挫折只是事情暫時脫離正軌，但不會澆熄你一直以來的堅持和承諾。如果處理得當，它們更可以變成一個發射臺。

當事情變得艱難時

本書的重點是幫助你實現長期的改變和持久的平衡，所以有點不可不提的是，在某些時候你可能覺得自己一無所獲，或者你曾取得很大的進步，但現在再度陷入停滯。你也可能會陷入無法控制的困境，例如全球新冠疫情大流行。

當你學著相信自己的過程中，要知道，科學已證明遭遇低谷是必然的。這不僅是可能的，而且是正常的，這種現象叫做變革曲線（the change curve）。你可能在管理或商業培訓中接觸過這個概念，但它也適用於你身為高敏感鬥士的發展。縱軸是幸福感（動機、幸福感、生產力等），橫軸代表時間。當你開始使用本書中的工具改變自己時，你可能會發現自己的動力暫時下降。為什麼？因為改變太難了！此外，你的能量是一種會上下波動的資源，你也不可避免地遇到一些動搖你信心、熱情和注意力的事情。沒有什麼事情，比成為自己想成為的人更值得去做；但任何值得去做的事，也都會遭遇到充滿懷疑與困惑的低潮時刻。

儘管變革曲線是旅程的預期部分，但它也是壓力最大和最不愉快的部分。身為一個高敏感鬥士，你特別容易對自己發脾氣，或氣惱自己為何沒有更快採取行動。你可能會更易怒、多疑，甚至悲傷和有點無精打采，因為你不確定這段時間會持續多久。如果你正在經歷倒退的幻滅或失望，那麼你可能處於曲線的最深處（階段三）。但這也意味著你正在實現某個目標。許多人會在變革曲線的谷底處選擇放棄，但我的客戶們發現，這段艱難時期最終會為力量、成長和新機會打開道路。

變革曲線

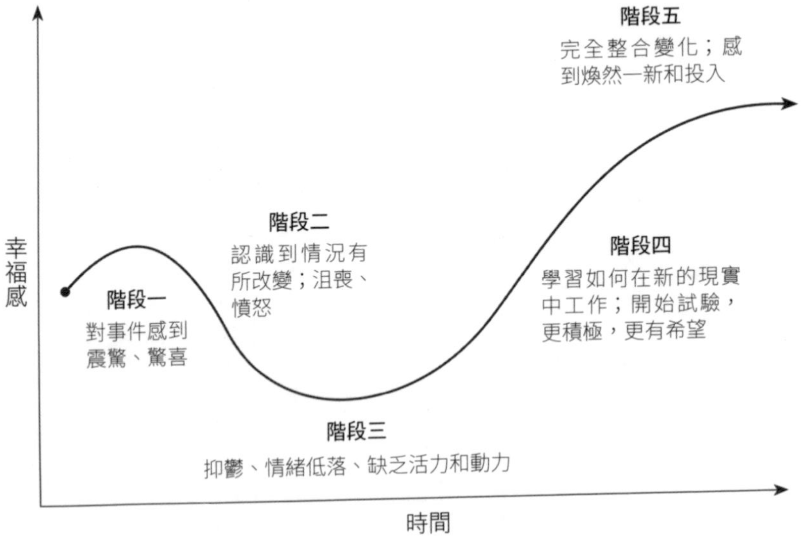

行動策略：再次開始

所有高敏感鬥士都會出於某種原因而陷入變革曲線，尤其是當你在個人和職業生活中提升到新的層級或遇到意想不到的障礙時。但是，當你能夠認識到正在發生的事情並有意識地採取行動，這些挫折就不會那麼痛苦了。要準備好重新踏上你的道路，需要你利用在本書中學到的所有技能，並將它們應用於3R——休息（rest）、反思（reflect）、重新校準（recalibrate），然後回到正軌。你可以運用以下的檢查清單來度過低谷，而不必一味忍受它們。

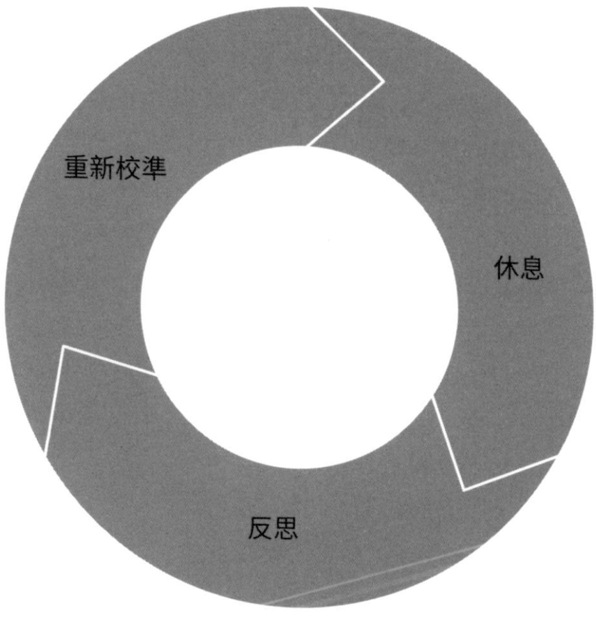

休息

說「低點可以是一件好事」是一回事，而真正相信它又是另一回事。只有你與那樣的情況拉開了距離，你才能開始從挫折帶來的負面情緒中恢復過來，所以第一階段是暫時從問題中脫離出來。這樣做可以讓你的神經系統安頓下來，讓你調整自己的觀點。

□**讓自己安穩下來**。重溫你學到的工具和技巧，找到你的內在聲音並整合你的情緒，而不讓它們接管你的反應和行為（第四章）。允許自己感受挫折可能帶來的傷害、失望和尷尬。現在的你還不需要專注於找尋那一線光明。

□**駕馭你的想法**。即使你不確定挫折會持續多久，為你的想法寫日誌（第五章）能夠幫助你停止破壞性的自我對話。與其將這一刻視為故事的結局，不如將其想像為旅途中的一個事件。你接下來想做什麼?未來會發生些什麼事情，來揭露出這段低潮是你英雄之旅的中立事件或轉捩點?

反思

自從你首次拿起本書以來，你已經走了很長一段路。現在是時候記起你有能力做困難的事，並提醒自己當初拿起本書的初衷：從自我破壞走向自我信賴。將你過往的成功列成清單，並利用你已建立的內在力量和自信來帶你穿越這次低谷，到達彼岸。

□**調整你的許可單**。允許自己一遍又一遍地嘗試，包括允許犯錯、休息或者未盡全力。現在是重新審視你的許可單（第三章）的最佳時機，因為你需要放棄對「事情應該如何解決」的先入為主的觀念，並重新開始。

□**諮詢你的直覺**。呼叫你在這段旅程中培養的洞察力，來評估你所擁有的訊息。接受「事情總有未知數」，並相信你的直覺來決定當下最適合你的事情，即使感覺可能不會有立竿見影的效果（第六章）。

□**記住你的核心價值觀**。堅持你定義的核心價值觀（第八章），讓它們成為你的指南。也許這次你表達的方式不太奏效，但挫折並不意味著你必須改變你的本質。依循你的價值觀，尋找新的方法來採取行動，以使你的 STRIVE 特質能夠更好地平衡。

重新校準

你仍然可以繼續致力於工作成果，並同時在方法上變得更加靈活。正如你所反思的那樣，也許你已經注意到什麼是有效的，什麼是無效的。帶著這樣的洞察力，向前邁出一步。這一步也可以是維持現況，因為你並不總是需要這樣催促、逼迫自己。你現在有充足的資源來做出明智的決定，決定如何用對你有效的、且最符合你所重視的方式，做出回應。

□**重新承諾**（或重新設定）你的目標。如今你已深入變革曲線的後續階段，可能需要根據原先預料之外的訊息、事件或意見，來重新審視你原先為自己設定的目標。使用「承諾、挑戰、漂亮出擊」框架（第九章）來更新或打造新目標，以適應不斷變化的情況。

□**加強或重建你的界限**。決定你的界限（第七章）必須如何轉移或改變。你需要重申那些對你有用但你不小心失守的界限嗎？如今其他的界限設定是否更適合你的情況？請記住，界限的存在，不是為了讓其他人望而卻步，而是透過創造可持續的、支持性的限制，來保存你的能量。

□**改變遊戲規則**。如果你已經定義了你認為你想要的東西，但它並沒有完全按照你的計畫進行——也許你在工作中承擔了新的責任，但它和你的目標有所衝突；或者你嘗試投入的共同工作空間太過混亂——請調整你最初的定義並再試一次。或者利用你在這段過程中獲得的自我認知，做出完全不同的選擇，以更好地適應你的個性和你的職業生活（第十章）。

以上這些階段旨在幫助縮短挫折期並減少傷害，但要恢復到堅強狀態可能需要比你所希望的更花時間，因此你必須對自己和所處的環境保持耐心。你無法短時間內消滅幾十年來的慣性思維和行為模式，即使以正向成果為目標，你仍無法控制世界固有的所有模糊性和不確定性。但是，你可以依靠以上過程並根據需要反覆進行，直到你越過挫折的低谷。

✦卡關解方

一、**暫停一下**。當你感覺自己被拽入漩渦時問問自己：我是餓了、生氣了、覺得孤單還是累了？然後滿足自己的需要。吃點零食，給朋友打電話，或者小睡一會兒。身為一個高敏感鬥士，你更容易受到能量變化的影響，如果你的神經系統已精疲力盡，你的反應會更強烈。

二、**從對自我的關注中跳脫出來**。為在咖啡館排隊的人買杯咖啡，或為年長的鄰居搬搬生活雜貨。你還可以嘗試「敬畏步行」（awe walk）*——一種步行冥想，聚焦於跳脫自身想法並感受這個世界。

三、**列出你所學到的內容**。如果你要重新嘗試一次，你會有什麼不同的做法？那些「本應該」、「本想要」、「本能夠」不會只是揮之不去的過去，它們全都是你從這次的顛簸中學到的教訓。

落實行動策略：凱西

在我們的下一次諮商中，凱西顯然壓力很大。她一整週都早早進入辦公室尋找另一位副總裁候選人，並在完成自己的任務之前就趕去接妻子下班。凱西一到家，她就必須打掃衛生、做飯、洗衣服，並處理其他所有家務。她妻子的傷逐漸好轉，但距離完全康復還有六個星期的時間，凱西深切希望無論家裡還是工作方面都能有所改善。

當我們談論到每種情況時，凱西知道，沒人因為公司的首選目標婉拒邀約而責怪她。葛雷格甚至指出，高階主管的招聘比她以前的任務複雜得多，並表示她會隨著時間的推移學會如何應對。凱西一邊看著行事曆，想著自己的日程安排，一邊擔心自己什麼都不缺、就是沒時間，心裡一陣恐慌，不知道自己能不能應付得了。

凱西在我們教練諮商中的目標，是擺脫她的恐懼感，並讓她找回自己首次獲得晉升時感受到的興奮與對可能性的感覺；另一個優先事項，是陪伴並支持她的妻子。但她很快了解到，在她目前所承受的壓力下，她放棄了一些過往的良好習慣，陷入過度操勞，讓自己的過度思考又把她送回到消極的境地。

我向凱西介紹了3R階段，並一同為下週制定了計畫。她的首要任務是休息一下，為接下來的工作騰出空間。那個週末，她多睡了會兒，不開伙點了外賣，並實踐數位排毒來清理她的頭腦。經過睡了幾晚好覺和一些反思，她可以更清楚地看到過去兩週她所做的事情不是長久之計。她素來自豪自己能應付所有情況，但當她綜觀全局時，她發現她需要允許自己不要一個人扛起所有事，並且尋求協助。

為了重新校準她的生活，凱西和她的妻子打電話給她的岳母，請她協助接送凱西的妻子，

*編註：亦即懷著敬畏之心去散步，去感受大自然的震撼與魅力。

這樣凱西就可以有時間和空間找尋工作上的主管人選，而不必急於出門。他們也決定多花些錢給雜貨配送與洗衣服務，也同意每週會有幾次晚餐叫外賣，讓兩人在做飯和打掃衛生上輕鬆一些。雖然凱西之前拒絕了他人協助，但現在她已明白，那樣做只會讓自己無法達成「專注」與「謙恭」的核心價值觀。

她也準備好從招聘狀況中學習。週三，她和葛雷格對失去候選人的情況進行事後檢討，從那次會議中，凱西制定了一項計畫來改進她的候選人獵頭程序。她還設定了一個界限，未來她不會獨自決定候選人，並且知道當事情進展不順利時，她需要和除了葛雷格之外的人一同商量。妻子的腳傷痊癒後，凱西加入了一個女性人資主管的團體，並找到了一位導師，可以與對方討論工作中的問題以及處理這些問題的方法。

擔任現職一年之後，凱西找到了自己的最佳狀態。歷經最初的拒絕之後，她成功雇用了下一位候選人，結果證明他非常適合該組織。儘管她還有其他一些小失誤，但她現在能夠克服挫折，無論內外。因為每一次，她都會重新審視她學到的工具，以保持她STRIVE特質的平衡。凱西甚至更進一步在電腦裡建立了一個「進步空間」的表格，記錄自己學到的教訓，以及對克服過的所有困難的反思。

✦說出心聲，做出行動

大多數時候，你所面臨的情況不過是意志和生活的自然起伏。但難免有些時候，你可能的確搞砸了。以下是當你犯錯時如何彌補的方法。

○**不要誇大**。除了少數例外，比如飛行員或外科醫生，不然工作失誤不至於生死攸關，都可以解決或糾正。善待自己，是時候請出積極的自我對話：是人都會犯錯——只是這次輪到我了。尷尬歸尷尬，但我會挺過去的。

○**承認錯誤**。有需要的話，該道歉就道歉，但不要過度。我出了個差錯，我正盡速修正中，通常這樣短短一句，就足以挽回面子和聲譽。

○**修補關係**。如果這個錯誤影響到其他人，你可能需要重建信任。一個有效的經驗法則是，大概需要五個正向互動才能抵銷一個負面互動。

○**做出調整**。評估失誤發生的過程和原因，並制定計畫以防止它繼續惡化。例如，我的一位客戶發現自己一直拼錯公司重要客戶的的名字，她尷尬到不行且擔心這樣會失去客戶，於是將自己的客戶名字打成清單，貼在辦公室的座位隔板上，來提醒自己並方便檢查。

○ **找個健康的分心方法**。允許自己把注意力從錯誤上移開。轉而投入到你喜愛的工作項目，或者抱抱你的寵物來休息一下。

（（ 有 效 練 習 ））

你的下一個起點

平衡你的 STRIVE 特質是一個持續的旅程，這意味著挫折讓你有機會評估你的下一個發展前景。即使你覺得現在大部分時間你都平衡得很好，這個最後的練習仍能幫助你評估如何繼續更上層樓。

做法

一、**回想遭遇過的挫折**。回想一下你在第八章中上次填寫平衡輪以來遇到的低谷（短暫的或持續的）。思考一下你感受到的情緒、有過的想法以及做出了什麼反應。在納入以上考量的情況下，完成你的第三個平衡輪。

二、**記下你的成就**。將此平衡輪與你在第一章中完成的第一個和第八章中的第二個並列在一起。了解你所做到的正向改變。你哪方面的分數有所增長？你注意到哪些進步？你的哪些 STRIVE 特質變得更加平衡？

三、**尋找機會**。查看你的第三個平衡輪，探索你的哪些 STRIVE 特質因該次挫折而失去平衡（如果有的話）。這可以幫助你了解你的模式並規劃處理它們的步驟。

四、**制定攻擊計畫**。正如我們在本章中所討論的那樣，你可以透過重新對自己許下承諾、重設你的目標來克服挫折，因此請制定一份你可以採取的行動步驟列表，以邁向你的下一個發展階段。

你的下一個起點

（凱西）

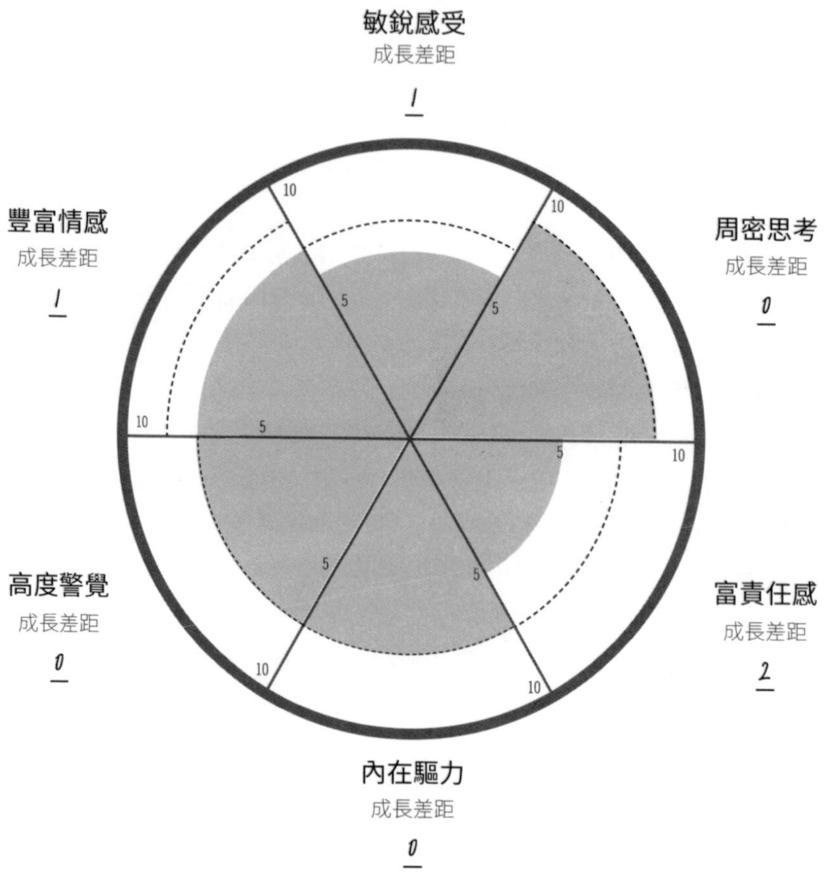

我的下一個起點是	
平衡「富責任感」和「內在驅力」	

我的行動是	
向岳母尋求協助	每月安排一次數位排毒週末
支付雜貨和洗衣服務費用	加入女性人資主管團體

你的下一個起點

(　　　　　　)

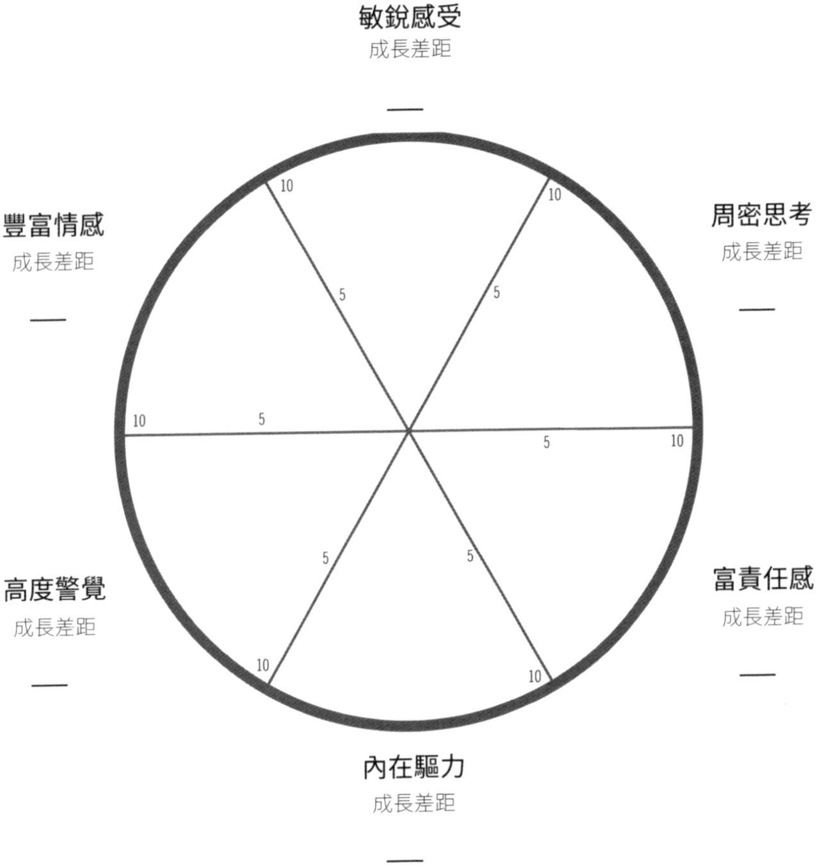

我的下一個起點是	
我的行動是	

下一步是什麼？

要想懷疑自己的價值，永遠都有理由；問題只在於，你會允許自己沿著這條路走多遠，直到你抬起頭來並意識到……自己一直以來都有回家的力量？

——莎拉・巴雷勒斯（Sara Bareilles）*

恭喜——你做到了！你已經完成了這本書。為你在這個過程中付出的所有辛勤工作和努力，給自己一個大大的讚許。你應該為自己在每一步中的表現感到非常自豪。

在前言中，我曾說過希望你不再懷疑自己，能感覺到生活盡在掌握，並重新找回成功對你的意義。我希望在翻閱這些書頁之後，你有信心將你的敏感奮鬥轉化為力量，輕鬆地過上自己理想的生活。

當我最初提出這本書的構想時，有幾家出版商回絕了我。他們不相信有那麼多的人有STRIVE特質，而那些自認高敏感的人也並不覺得這是正面的特質。但是，當我對STRIVE特質談論得愈多，我就愈能見證我們的運動不斷發展。如今，我已經在史丹佛、沃爾瑪和廣告週刊等地為聽眾們演講，並繼續為臉書、IBM、網飛、谷歌等公司的經理和領導者提供教練課程。我們的高敏感鬥士社群每天都在擴大。我分享這點有兩個原因。首先，重申你並不孤單，其次是要強調，活用自己內在力量從未如此重要。在我寫下這個結論時，我們正面臨著全球經濟衰退、創紀錄的失業率和幾乎看不到盡頭的商業不確定性。前方的挑戰是巨大的，

*莎拉・巴雷勒斯，美國創作歌手，二〇二〇年獲葛萊美獎最佳美國民謠音樂歌手。引文化用經典電影《綠野仙蹤》的故事，那雙能帶桃樂絲回家的紅鞋，始終穿在她的腳上，只是她不知道使用方法。

高敏感鬥士將成為帶領我們度過這些困難時期的重要一分子。**這個世界迫切需要像你這樣的人——具有與生俱來的智慧、同理心和產生積極影響的動力。歸根結底，你的敏感和抱負是無庸置疑的天賦**，所以更應該要充分運用它們。

但我們不能忽視的一個現實是，我們的職場環境也需要趕得上高敏感鬥士帶來的正面價值。雖然最近已能看到朝向更具多樣性和包容性的巨大轉變，但要去欣賞那些氣質上與神經學上的差異所帶來的事物，我們還有很長的路要走。企業們才剛剛開始意識到，高敏感鬥士是他們最好的、也是最容易被忽視的資產。對你來說，展示自己的所有優勢並獲得應有的認可和尊重，從未如此重要。現在是時候了，為自己發聲並加入打造友善職場運動，讓職場環境能夠包容所有才能各有千秋、資質各有不同的人。

本書中的工具經過精心設計，因此你可以在需要時隨時使用它們，無論順境還是逆境，也能隨著你的目標和生活階段演變發展。畢竟，相信你自己並不是一條你剛越過的終點線，而是一個持續的過程。如果你初讀本書，還無法確切掌握其中概念，請在一兩週內再讀一次。有時候，改變會需要一段時間才能充分潛移默化。不要放棄自己。我也建議你定期坐下來閱讀你用來記錄自身體驗的日誌，並完成書中的有效練習。回顧你的進步和反思，提醒自己你已走了多遠、獲得了多少智慧。

雖然本書到此結束，但我們的旅程並未完結。請記得到 melodywilding.com/bonus 上查看本書的獎勵資源，包括空白表單、指南和最新文章。在那裡，你還可以加入我的免費社群，與其他數以千計的高敏感鬥士建立連結。

最重要的是，為你透過這本書創造的巨大轉變歡呼一下吧！非常感謝你讓我擔任你的嚮導，在你身邊與你同行。就讓這最後一頁，成為你人生和事業下一階段的起點。你已有你需要的一切，你現在需要做的，就是**相信你自己**。

官方英文資源

中文表單下載

致謝

寫一本書是一段激動人心且充滿挑戰的旅程。本書花了四年多的時間才終於成書，我非常感謝家人、朋友、出版專業人士和同事社群，他們在此過程中提供了指導、建議和可以依靠的肩膀。

首先，謝謝我的另一半，布萊恩。言語無法表達我有多愛你。從第一天起，你就是我在這項工作中的知己，並且毫不猶豫地花費數小時幫助我充實想法，用你的「周密思考」閱讀早期草稿，提供建議，或給我精神支持。當我感到沮喪和自我懷疑時，是你幫我重新打起精神，鼓勵我再次前行。你總是為我加油，總是擔任我最棒的擁護者。謝謝你，我已等不及要與你共度一生。

謝謝我的父母，諾拉和戴夫，教會我何謂相信自己。你們一直鼓勵我按照自己的節奏前進，並無休止地支持我走創業之路。不僅如此，你們還給了我每日賴以為生的禮物——力量、毅力和無條件的愛。這本書獻給你們，希望它能讓你們感到自豪。

黛安和巴瑞，感謝你們張開雙臂歡迎我加入你們的家庭。你們一直如此支持我的職業生涯，這對我意義重大。

感謝我的祖母哈莉特及祖父文斯，以及在天堂裡的帕皮和諾尼。

接著，謝謝本書背後的團隊，從我出色的經紀人麗莎·迪莫納（Lisa DiMona）開始，她相信這本書，即使它只是一個未成形的想法幼苗。感謝你在它盛放前的耐心等待。你堅定的承諾和富有洞察力的建議，幫助我順利且成功地完成了這一過程。

我要感謝紀事出版（Chronicle Books）和紀事稜鏡（Chronicle Prism）的一流團隊，包括卡拉·貝迪克（Cara Bedick），她的編輯技巧和悟性將這本書提升到了一個新的程度。我非常感謝你的辛勤工作、協作和頻繁的靈感。

還要感謝紀事稜鏡的常務董事馬克·陶伯（Mark Tauber），他從一開始就熱情地支持這本書，並選擇讓它成為紀事出版陣容中的重磅作品。感謝珍妮佛·詹森（Jennifer Jensen）的行銷魔法和紀事業務團隊將這本書推向世界。我要感謝審稿編輯傑米·瑞爾（Jamie Real）和瑟西莉亞·桑提尼（Cecilia Santini），以及帕米拉·蓋斯馬（Pamela Geismar）和紀事設計團隊，感謝他們的創造力，以及堅持不懈地尋找「恰到好處」的包裝和感覺。

如果沒有茱莉·摩梭（Julie Mosow）在第一時間洞察我的願景並幫助我將提案轉化為如今

的書稿，這本書就不可能存在。無比感謝你花費無數時間與我討論概念，為本書提供了清晰的敘事角度並增添光彩。感謝你成為我的絕妙夥伴，也非常感激我們之間的合作。我也必須感謝布魯克・凱瑞（Brooke Carey），她耐心地幫助我將粗略的建議變成了一個突出的想法，以及梅根・史蒂文森（Meghan Stevenson）在這本書還處於起步階段時提供的編輯幫助。

謝謝我的幕後夥伴李・柴克斯・麥克唐諾（Lee Chaix McDonough）和艾蜜莉・沃克（Emily Walker）：我非常珍惜你們的友誼，並感謝你們的所有回饋與付出，尤其是在練習內容方面。

在我寫這本書的時候，我很幸運有一支強大的團隊做我的靠山，支持我的教練業務。感謝蕾貝嘉・魯伊斯（Rebekah Ruis）和莎拉・麥克尼爾（Sarah McNeal）在我需要寫作時為我騰出了空間。

感謝伊蓮・艾融博士，我整本書中都借鑑了她的研究。感謝你幾十年來在高敏感方面的科學研究，並向世界證明了，我們無須為自己的感受深刻而道歉。艾融博士深深地影響了我的思維，所以如果你喜歡這本書的話，我鼓勵你也去讀讀她的著作。

感謝在寫作過程中關注我的許多朋友和同事。你們的美言與支持是無價的，特別是在要寫下複雜想法就必然遭遇的困難時刻。

感謝我的過去和現在的客戶，選擇了我擔任教練。你們的故事和轉變，為本書和高敏感鬥士的整個概念奠定了基礎。你們的韌性和勇氣讓我震驚，能成為你們旅程的一部分是我的榮幸。

謝謝「避風港」（The Haven）的成員以及我在世界各地的線上社群。你們激勵了我日復一日從事這項工作。能幫助到你們是一種榮幸。

最後，謝謝你，讀者。感謝你花費寶貴的時間閱讀本書。我希望它對你有用。

資料來源

01 你也是高敏感鬥士嗎？

- 百分之三十的高敏感族是外向的：Strickland, J. "Introversion, Extroversion and the Highly Sensitive Person." *The Highly Sensitive Person*, April 24, 2018. https://hsperson.com/introversion-extroversion-and-the-highly-sensitive-person/
- 關於感官處理敏感（SPS）：Aron, E. N., & Aron, A. "Sensory-processing sensitivity and its relation to introversion and emotionality." *Journal of Personality and Social Psychology*, vol. 73, no. 2 (1997). 345–368
- 高敏感族在注意力、策畫行動、決策等方面具有更活躍的心理迴路和神經化學物質：Acevedo, B., et al. "The highly sensitive brain: an fMRI study of sensory processing sensitivity and response to others' emotions." *Brain and Behavior*, vol. 4, no. 4 (2014). 580–594, https://www.ncbi.nlm.nih.gov/pmc/articles/PMC4086365/
- 一種「先天生存策略」，幫助高敏感族應付史前時代無法預測的生活環境：Aron, Elaine. "Is this you?," Retrieved from https://hsperson.com/ [accessed 01/26/2020]
- 主管總是將高敏感族視為頭號幹將：Ramsay, J., "Highly Sensitive People in the workplace—from shame to fame." HRZone, January 2, 2014. https://www.hrzone.com/perform/people/highly-sensitive-people-in-the-workplace-from-shame-to-fame
- 《澳洲心理學雜誌》二〇一五年發表的一項研究：Brindle, K., et al. "Is the relationship between sensoryprocessing sensitivity and negative affect mediated by emotional regulation?" *Australian Journal of Psychology*, vol. 67, no. 4 (2015). 214–221. https://doi.org/10.1111/ajpy.12084
- 敏感並沒有性別差異，但存在難以忽視的歷史和社會現實：Aron, E. *The Highly Sensitive Person: How to Thrive When the World Overwhelms You* (New York: Broadway Books, 1996). 75.
- 到了十幾歲，將近百分之四十五的女孩說自己不允許失敗：Ypulse. "The Confidence Code for Girls," 2018. Retrieved from https://static1.squarespace.com/static/588b93f6bf629a6bec7a3bd2/t/5ac39193562fa73cd8a07a89/1522766258986/The+Confidence+Code+for+Girls+x+Ypulse.pdf [accessed01/26/2020]
- 她們以過度擔心和強調負面情況來應對壓力："Teenage Girls Are Exposed to More Stressors that Increase

Depression Risk." Association for Psychological Science, October 8, 2014. https://www.psychologicalscience.org/news/releases/teenage-girls-are-exposed-to-more-stressors-that-increase-depression-risk.html

- 傳統觀念中……職場上也無法跟男同事並駕齊驅：Prentice, D., and Carranza, E. "What Women and Men Should Be, Shouldn't Be, and Don't Have to Be: The Contents of Prescriptive Gender Stereotypes." *Psychology of Women Quarterly*, vol. 26 (2002). 269–281. https://journals.sagepub.com/doi/10.1111/1471-6402.t01-1-00066
- 儘管研究表明，男嬰比女嬰更容易出現情緒反應：Kraemer, S. "The Fragile Male." *The BMJ*, vol. 321 (2000). 1609–1612. https://www.ncbi.nlm.nih.gov/pmc/articles/PMC1119278/

02 克服優等生迷思

- 做太多的最大問題是會產生不健康的工作模式：Lerner, H. *The Dance of Anger: A Woman's Guide to Changing the Patterns of Intimate Relationships* (New York: Harper & Row, 1985). 27.
- 她在嗡嗡新聞網（BuzzFeed）寫下這段話：Petersen, A. H. "How Millennials Became the Burnout Generation." *BuzzFeed*, January 5, 2019. https://www.buzzfeednews.com/article/annehelenpetersen/millennials-burnout-generation-debt-work
- 一種「感覺良好」的化學物質會瞬間襲上心頭，使大腦對此上癮：Berridge, K. C., Robinson, T. E. "What is the role of dopamine in reward: hedonic impact, reward learning, or incentive salience?" *Brain Research Reviews*, vol. 28 (1998). 309–369. https://lsa.umich.edu/psych/research&labs/berridge/publications/Berridge&RobinsonBrResRev1998.pdf
- 想跟上大家和避免落後的壓力導致焦慮，抑鬱：Shensa, A., et al. "Social Media Use and Depression and Anxiety Symptoms: A Cluster Analysis." *American Journal of Health Behavior*, vol. 42 (2019). 116–128. https://www.ncbi.nlm.nih.gov/pmc/articles/PMC5904786/
- 更差勁的工作表現：Andreassen, C., et al. "Use of online social network sites for personal purposes at work: does it impair self-reported performance?" *Comprehensive Psychology*, vol. 3 (2014). https://journals.sagepub.com/doi/full/10.2466/01.21.CP.3.18
- 高收入上班族承受更多壓力：Petrone, P. "Stress at Work—See Who's Feeling it the Most And How to Overcome It," *The Learning Blog—LinkedIn*, April 17, 2018. https://learning.linkedin.com/blog/working-together/stress-at-work-_-see-whos-feeling-it-the-most
- 也更容易忽視休息時間：U.S. Travel Association. "Time Off and Vacation Usage," Retrieved from: https://

www.ustravel.org/toolkit/time-and-vacation-usage [accessed 03/13/2020]

03允許自己

- 法蘭・豪瑟的經歷：Hauser, F. *The Myth of The Nice Girl: Achieving a Career You Love Without Becoming a Person You Hate* (Boston: Houghton Mifflin Harcourt, 2018). 31–32.
- 布芮尼・布朗的小技巧：Brown, B. *Daring Greatly: How the Courage to be Vulnerable Transforms the Way We Live, Love, Parent, and Lead* (New York: Gotham Books, 2012). 171.

04將負面情緒化為正面優勢

- 高敏感族往往更為自己的感受而羞恥，並認為自己無能為力：Brindle, K., et al. "Is the relationship between sensory-processing sensitivity and negative affect mediated by emotional regulation?" *Australian Journal of Psychology*, vol. 67, no. 4 (2015). 214–221. https://doi.org/10.1111/ajpy.12084
- 高強度情緒會損害免疫系統，記憶力和注意力：Seppala, E. "Your High-Intensity Feelings May Be Tiring You Out," *Harvard Business Review*, February 1, 2016. https://hbr.org/2016/02/your-high-intensity-feelings-may-be-tiring-you-out
- 接受情緒……有助於減少情緒波動及提高整體生活滿意度：Ford, B.Q., et al. "The psychological health benefits of accepting negative emotions and thoughts: Laboratory, diary, and longitudinal evidence." *Journal of Personality and Social Psychology*, vol. 115 (2018). https://www.ncbi.nlm.nih.gov/pubmed/28703602
- 表現出色的人有百分之九十情商也很高：TalentSmart. "About Emotional Intelligence," Retrieved from: https://www.talentsmart.com/about/emotional-intelligence.php [accessed 03/13/2020]
- 百分之九十二高階主管將管理情緒等軟技能視為叱吒業界的重要能力：BetterUp. "Leadership Gap," Retrieved from: https://www.betterup.com/en-us/leadership-gap [accessed 03/13/2020]
- 情感豐富的主管所領導的團隊往往更值得信任，表現更好，並且更具備創新能力：Duhigg, C. "What Google Learned From Its Quest to Build the Perfect Team," *New York Times*, February 28, 2016. https://www.nytimes.com/2016/02/28/magazine/what-google-learned-from-its-quest-to-build-the-perfect-team.html
- 百分之七十五的人力資源經理表示，他們較有可能提拔更願意與人情感連結的員工：Career Builder. "Seventy-One Percent of Employers Say They Value Emotional Intelligence over IQ, According to CareerBuilder Survey," Retrieved from: https://www.careerbuilder.com/

share/aboutus/pressreleasesdetail.aspx?id=pr652&sd=8/18/2011&ed=08/18/2011 [accessed 03/13/2020]

- 善於自我激勵，不但能減少拖延，還可以增強自信心並實現長期目標：Goleman, D. *Emotional Intelligence: Why It Can Matter More Than IQ* (New York: Bantam Dell, 1995). 43.
- 人的神經系統是為了充電和放電，刺激和放鬆等規律循環所設計的：Nagoski, A., and Nagoski, E. *Burnout: The Secret to Unlocking the Stress Cycle* (New York: Ballantine Books, 2019). 5–12.
- 接地會啟動負責休息和恢復的副交感神經系統：Gerritsen, R., and Band, G. "Breath of Life: The Respiratory Vagal Stimulation Model of Contemplative Activity." *Frontiers of Human Neuroscience*, vol. 12 (2018). 397. https://www.ncbi.nlm.nih.gov/pmc/articles/PMC6189422/
- 它開始運作後，你的心率便會緩和下來：Holzel, B., et al. "Mindfulness practice leads to increases in regional brain gray matter density." *Psychiatry Research*, vol. 191 (2011). 36–43. https://www.ncbi.nlm.nih.gov/pmc/articles/PMC3004979/
- 研究表明，定義你的情緒能讓你迅速擺脫它的掌控：Torre J., and Lieberman, M. "Putting Feelings Into Words: Affect Labeling as Implicit Emotion Regulation." *Emotion Review*, vol. 10 (2018). 116–124. https://journals.sagepub.com/doi/full/10.1177/1754073917742706

05 不再想太多

- 研究表明某些性格類型更容易出現心理健康問題：Krueger, R., et al. Personality Traits Are Differentially Linked to Mental Disorders: A Multitrait-Multidiagnosis Study of an Adolescent Birth Cohort. *Journal of Abnormal Psychology*, vol. 105 (1996). 299–312. http://citeseerx.ist.psu.edu/viewdoc/download?doi=10.1.1.482.8192&rep=rep1&type=pdf
- 想太多是由消極自我對話所驅動，這在心理學被稱為認知扭曲：Burns, D. *The Feeling Good Handbook* (New York: Harper Collins, 1989). 7–11.

06 相信直覺

- 「暫停和檢查」系統（採用研究者伊蓮·艾融的說法）：Aron E., and Aron A. "Sensory-processing sensitivity and its relation to introversion and emotionality." *Journal of Personality and Social Psychology*, vol. 73 (1997). 345–368. https://www.ncbi.nlm.nih.gov/pubmed/9248053
- 直覺對內隱記憶產生作用：Wippich, W. "Intuition in the context of implicit memory." *Psychological Research*, vol. 56 (1994). 104–109. https://link.springer.com/article/10.1007/BF00419717
- 整個消化道遍布由一億個神經元組成的龐大神經網

路：Johns Hopkins Medicine. “The Brain-Gut Connection,” Retrieved from: https://www.hopkinsmedicine.org/health/wellness-and-prevention/the-brain-gut-connection [accessed 03/13/20]

- 避險基金交易員的直覺：Kandasamy, N. “Interoceptive Ability Predicts Survival on a London Trading Floor.” *Scientific Reports*, vol. 6 (2016). https://www.nature.com/articles/srep32986
- 「高能敏感」：HeartMath Institute. “Science of the Heart: Exploring the Role of the Heart in Human Performance,” Retrieved from: https://www.heartmath.org/research/science-of-the-heart/energetic-communication/ [accessed 03/13/20]
- 帶來更深沉的意識，能量和冷靜：HeartMath Institute. “Research FAQs,” Retrieved from: https://www.heartmath.org/support/faqs/research/ [accessed 03/13/20]
- 由直覺促成的創新締造了青黴素和魔鬼氈：Orf, D. “10 Awesome Accidental Discoveries.” *Popular Mechanics*, June 27, 2013. https://www.popularmechanics.com/science/health/g1216/10-awesome-accidental-discoveries/
- 心理學家稱為「預設網路」：Beaty, R., et al. “Robust prediction of individual creative ability from brain functional connectivity.” *Proceedings of the National Academy of Sciences of the United States of America*, vol. 115 (2018). https://www.pnas.org/content/115/5/1087
- 直覺思維會刺激大腦……讓重要訊息通過：Arguinchona, J., and Tadi, P. “Neuroanatomy, Reticular Activating System.” In *StatPearls* (Treasure Isiland, FL: StatPearls Publishing, 2019). https://www.ncbi.nlm.nih.gov/books/NBK549835/
- 將直覺與分析思維結合起來……幫助你做出更好、更快、更準確的決策：Lufityanto, G., et al. “Measuring Intuition: Nonconscious Emotional Information Boosts Decision Accuracy and Confidence.” *Psychological Science*, ol. 27 (2016). 622–634. https://doi.org/10.1177/0956797616629403
- 依靠快速認知（又稱薄片擷取）：Gladwell, M. *Blink: The Power of Thinking Without Thinking* (New York: Little, Brown, and Company, 2005), 33–34.
- 莉茲・佛斯蓮關於讓直覺帶路的經驗：Fosslein, L., and Duffy, M. *No Hard Feelings: The Secret Power of Embracing Emotions at Work* (New York: Portfolio, 2019), 79–80.
- 根據直覺做出決定的人更有把握，並認為他們基於直覺的決定更能反映真實自我：Maglio, S., and Reich, T. “Feeling Certain: Gut Choice, the True Self, and Attitude Certainty.” *American Psychological Association*, vol.19 (2019). 876–888. https://www.apa.org/pubs/journals/releases/emo-emo0000490.pdf
- 你每天要做出數百個決定：Wansink, B., and Sobal, J. “Mindless Eating: The 200 Daily Food Decisions We Overlook.” *Environment and Behavior*, vol. 39 (2007). https://doi.org/10.1177/0013916506295573

07拿出氣勢建立界限

- 魯賓總是覺得很難做自己：Rubin, G. "The importance of knowing what you LIKE to do, and then doing it, " Retrieved from: https://gretchenrubin.com/2007/04/the_importance_ [accessed03/13/20]
- 她的「忠於葛瑞琴」靈感源自某次與大法官珊卓拉．戴．歐康納的談話：Osakwe, A. " 'The Happiness Project' author Gretchen Rubin talks secrets to happiness," ABC News, November 15, 2017. https://abcnews.go.com/Business/author-gretchen-rubin-talks-finding-happiness-life/story?id=51149122
- 「女性賺大錢」創始人克萊爾．沃瑟曼："Ladies Get Paid: About the Book," Retrieved from: https://www.simonandschuster.com/books/Ladies-Get-Paid/Claire-Wasserman/9781797102689 [accessed 4/24/2020]

08展現完整自我

- 他連續三年撰寫「真誠報告」：Clear, J. "My 2016 Integrity Report," Retrieved from: https://jamesclear.com/2016-integrity-report [accessed 03/14/2020]

09鎖定目標

- 百分之六十五的人表示，微小習慣會在短短一週內產生漣漪效應：Chang, J. "Tiny habits: behavior scientist BJ Fogg explains a painless strategy to personal growth." Success (2015). https://www.questia.com/magazine/1G1-46533128/tiny-habits-behavior-scientist-bj-fogg-explains-a
- 慶祝成功……會讓你的身體釋放腦內啡：Dfarhud, D., et al. "Happiness & Health: The Biological Factors-Systematic Review Article." *Iran Journal of Public Health*, vol. 43 (2014). 1468–1477. https://www.ncbi.nlm.nih.gov/pmc/articles/PMC4449495/
- 感恩有很多好處，包括增進健康，睡得更好和心情更快樂等等：Allen, S. "Is Gratitude Good for Your Health?," Retrieved from https://greatergood.berkeley.edu/article/item/is_gratitude_good_for_your_health
- 將目標轉化為提問可以將成就提高百分之二十七到二十八：Wilding, S., et al. "The question-behaviour effect: A theoretical and methodological review and meta-analysis." *European Review of Social Psychology*, vol. 27 (2016). 196–230. https://www.tandfonline.com/doi/full/10.1080/10463283.2016.1245940
- 提姆．費里斯的建議：Ferriss, T. "Q&A with Tim—On Happiness, Dating, Depressive Episodes, and Much More (#390)," Retrieved from https://tim.blog/2019/10/10/tim-on-happiness-dating-depressive-episodes/ [accessed 03/14/2020]

10 找出適合個性的職業

- 根據伊蓮・艾融與其同事進行的一項研究：Jagiellowicz, J., et al. "Relationship between the temperament trait of sensory processing sensitivity and emotional reactivity." *Social Behavior and Personality*, vol. 44 (2016). 185–200. https://doi.org/10.2224/sbp.2016.44.2.185
- 當你的職場環境情況和你私下的個人特質一致時，你會覺得你的工作更有意義：Scroggins, W. Antecedents and "Outcomes of Experienced Meaningful Work: A Person-Job Fit Perspective. *Journal of Business Inquiry*." (2008). 68–78. https://pdfs.semanticscholar.org/8da8/ccc6a2e141bd41f6dce42e588911affefd5e.pdf
- 讓你的職業與你的個性相匹配，……還能轉化為更好的工作表現：Sylva, H., et al. "Person-job fit and proactive career behaviour: A dynamic approach." *European Journal of Work and Organizational Psychology*, vol. 28 (2019). 631–645. https://doi.org/10.1080/1359432X.2019.1580309
- 個性與工作最匹配的人，比起其他人每年多賺一個月的薪水：Denissen, J., et al. "Uncovering the Power of Personality to Shape Income." *Psychological Science*, vol. 29 (2018). 3–13. https://doi.org/10.1177/0956797617724435
- 個性與工作的高度契合，也會讓你在工作中有更多的投入、活力，熱情與創新：Huang, W., et al. "Person–Job Fit and Innovation Behavior: Roles of Job Involvement and Career Commitment." *Frontiers in Psychology*, vol. 10 (2019). https://www.ncbi.nlm.nih.gov/pmc/articles/PMC6532537/
- 當今百分之八十七以上的企業都將「包容性」視為重中之重：PwC. "Global diversity & inclusion survey," Retrieved from https://www.pwc.com/gx/en/services/people-organisation/global-diversity-and-inclusion-survey.html#data [accessed 04/24/2020]
- 對於神經多樣性或具某些大腦差異之領導者的招聘趨勢：Austin, R., and Pisano, G. "Neurodiversity as a Competitive Advantage," *Harvard Business Review*, May/June 2017. https://hbr.org/2017/05/neurodiversity-as-a-competitive-advantage
- 愈發粗魯的職場文化：Owens, D. "Incivility Rising," Retrieved from: https://www.shrm.org/hr-today/news/hr-magazine/pages/0212owens.aspx [accessed 04/24/20]
- 潘蜜拉・史蘭所說：Slim, P. "Body of Work Workbook," Retrieved from: https://pamelaslim.com/bow-workbook/ [accessed 04/24/2020]
- 你也可以主動調整你的角色，以找到更專業的成就感：Wrzesniewski, A., and Dutton, J. "Crafting a Job: Revisioning Employees as Active Crafters of Their Work." *Academy of Management Review*, vol. 26 (2001). https://doi.org/10.5465/amr.2001.4378011

11 聰明冒險

- 一項針對高階主管的調查表明：Sahadi, J. "It usually takes 24 years to become CEO. Here' s why Risk Takers get there faster." CNN, October 3, 2019. https://www.cnn.com/2019/10/03/success/risk-takers-to-ceo/index.html
- 感覺並非站在邏輯推理的對立面：Vries, M., et al. "Fitting decisions: Mood and intuitive versus deliberative decision strategies." *Cognition and Emotion*, vol. 22 (2008). 931–943. https://doi.org/10.1080/02699930701552580
- 人們看重一項活動時就願意為之接受風險：Zinn, J. "The meaning of risk-taking—key concepts and dimensions." *Journal of Risk Research*, vol. 22 (2019). 1–15. https://doi.org/10.1080/13669877.2017.1351465
- 處理低風險但困難的任務可以提高專注力，決心和情緒韌性：McGonigal, J. "Building Resilience by Wasting Time." *Harvard Business Review*, October 2012. https://hbr.org/2012/10/building-resilience-by-wasting-time
- 最多可以減少百分之九十的恐懼感和迴避反應：Kaplan, J., and Tolin, D. "Exposure Therapy for Anxiety Disorders." *Psychiatric Times*, vol. 29 (2011). https://www.psychiatrictimes.com/anxiety/exposure-therapy-anxiety-disorders
- SumoMe 的創始人諾亞・卡根的建議：Ferriss, T. *Tools of Titans: The Tactics, Routines, and Habits of Billionaires, Icons, and World-Class Performers* (Boston: Houghton Mifflin Harcourt, 2016). 325.
- 過度思考會導致決策速度變慢也更不敢冒險：Adams, J. "Risk taking and the decision making process." *Project Management Quarterly*, vol. 5 (1974). 20–25. https://www.pmi.org/learning/library/risk-taking-decision-making-process-1971

12 大膽發言，堅定立場

- 提升自尊和幫助你避免倦怠過勞：Mayo Clinic Staff. "Being assertive: Reduce stress, communicate better." Retrived from https://www.mayoclinic.org/healthy-lifestyle/stress-management/in-depth/assertive/art-20044644 [accessed 04/24/2020]

13 把挫折當跳板

- 這種現象叫做變革曲線：Gentry, B. "Coaching people through the Change Curve," Retrieved from: https://www.insights.com/media/1086/coaching-eople-through-the-change-curve.pdf [accessed 05/30/2020]
- 大概需要五個正向互動才能抵銷一個負面互動：Benson, K. "The Magic Relationship Ratio, According to Science," Retrieved from: https://www.gottman.com/blog/the-magic-relationship-ratio-according-science/

國家圖書館出版品預行編目 (CIP) 資料

相信你自己：拋開內心小劇場，才知道自己有多強！獻給高敏人的職場逍遙指南／美樂蒂・懷爾汀（Melody Wilding）著；蔡心語譯. -- 初版. -- 新北市：方舟文化出版，遠足文化事業股份有限公司發行，2022.02

面；　公分. --（心靈方舟；35）

譯自：TRUST YOURSELF: Stop Overthinking and Channel Your Emotions for Success at Work

ISBN 978-626-7095-12-6(平裝)

1. 職場成功法 2. 自我實現 3. 信心 4. 女性

494.35　　110021788

方舟文化官方網站　方舟文化讀者回函

心靈方舟 0035

相信你自己

拋開內心小劇場，才知道自己有多強！獻給高敏人的職場逍遙指南

TRUST YOURSELF: Stop Overthinking and Channel Your Emotions for Success at Work

作者　美樂蒂・懷爾汀｜**譯者**　蔡心語｜**封面設計**　職日設計｜**內頁設計**　黃馨慧｜**主編**　邱昌昊｜**行銷主任**　許文薰｜**總編輯**　林淑雯｜**讀書共和國出版集團**　**社長**　郭重興｜**發行人**　曾大福｜**業務平台**　**總經理**｜李雪麗　**副總經理**｜李復民　**實體通路暨直營網路書店組**｜林詩富、陳志峰、郭文弘、賴佩瑜、王文賓、周宥騰　**海外暨博客來組**｜張鑫峰、林裴瑤、范光杰　**特販組**｜陳綺瑩、郭文龍　**印務部**｜江域平、黃禮賢、李孟儒｜**出版者**　方舟文化／遠足文化事業股份有限公司｜**發行**　遠足文化事業股份有限公司　231 新北市新店區民權路 108-2 號 9 樓　電話：（02）2218-1417　傳真：（02）8667-1851　劃撥帳號：19504465　戶名：遠足文化事業股份有限公司　客服專線：0800-221-029　E-MAIL：service@bookrep.com.tw｜**網站**　www.bookrep.com.tw｜**印製**　沈氏藝術印刷股份有限公司　電話：（02）2270-8198｜**法律顧問**　華洋法律事務所　蘇文生律師｜**定價**　380 元｜**初版一刷**　2022 年 2 月｜**初版二刷**　2023 年 2 月｜有著作權・侵害必究｜缺頁或裝訂錯誤請寄回本社更換｜特別聲明：有關本書中的言論內容，不代表本公司／出版集團之立場與意見，文責由作者自行承擔｜歡迎團體訂購，另有優惠，請洽業務部（02）2218-1417#1124